基于多尺度建模的 绿色化工流程设计及动态控制

田文德 崔哲 刘彬 著

化学工业出版社

·北京·

内容简介

《基于多尺度建模的绿色化工流程设计及动态控制》共九章，内容包括：绿色化工的基本概念、方法和新进展，多尺度模拟在绿色化工设计中的具体应用，煤化学链气化过程的分子动力学模拟及实验验证、流体力学参数优化、废水处理优化设计以及联合循环发电系统设计，基于萃取法的废水处理工艺设计，"以废治废"理念下的废水处理工艺设计，基于电渗析的高盐废水处理工艺设计以及基于醇胺吸收的碳捕获技术。采用分子模拟与流程模拟、理论计算与实验测试相结合的多尺度、多策略的新型协同式研究手段，有效提高化工装置的运行效率和能源利用率，降低生产过程中的环境污染和能源消耗。

本书可作为化工、环境及相关专业的研究生教材及参考书，也可供相关专业的工程技术人员参考使用。

图书在版编目（CIP）数据

基于多尺度建模的绿色化工流程设计及动态控制 / 田文德，崔哲，刘彬著. -- 北京：化学工业出版社，2024.7

ISBN 978-7-122-45571-0

Ⅰ. ①基… Ⅱ. ①田… ②崔… ③刘… Ⅲ. ①化工过程-无污染技术-业务流程-设计 Ⅳ. ①TQ02

中国国家版本馆 CIP 数据核字（2024）第 091882 号

责任编辑：刘俊之　汪　靓　　　　　　文字编辑：葛文文
责任校对：李雨函　　　　　　　　　　装帧设计：史利平

出版发行：化学工业出版社
　　　　　（北京市东城区青年湖南街 13 号　邮政编码 100011）
印　　装：北京机工印刷厂有限公司
787mm×1092mm　1/16　印张 12　字数 291 千字
2024 年 11 月北京第 1 版第 1 次印刷

购书咨询：010-64518888　　　　　　售后服务：010-64518899
网　　址：http://www.cip.com.cn
凡购买本书，如有缺损质量问题，本社销售中心负责调换。

定　　价：88.00 元　　　　　　　　　版权所有　违者必究

前言

在能源紧缺与环境污染的双重压力下，世界各国均重视发展能源清洁高效利用技术。煤炭是我国基础能源和重要工业原料。 2023 年，我国煤炭产量高达47.1亿吨，预示着以煤为主的能源结构短期内不会改变。煤作为电力生产的主要能源，其在获得电力的同时也产生了大量的二氧化碳，导致气候变化并对人民生活造成不利影响。煤化工今后发展的最大瓶颈来自环保压力和水资源保障程度，对煤化工废水循环利用的关键是设计考虑各影响因素和性能因素的废水处理流程。如何清洁高效地利用煤炭资源，对推进国家中长期能源发展战略具有重要意义。本书系统地介绍了笔者近年来在化学链技术综合利用、工业废水处理、碳捕获等方面动态模拟结合多尺度建模进行绿色化工过程设计和动态控制领域所取得的学术成就，其特点是：专业性强、内容新、实用性好。本书采用分子模拟与流程模拟、理论计算与实验测试相结合的多尺度、多策略的新型协同式研究手段，旨在实现绿色化工过程的动态模拟、系统优化、环境保护的研究开发和装置的安全、平稳高效运行，为生态文明建设贡献力量。

本书内容有助于丰富和发展煤化工的高效清洁利用、化工生产中典型污染物防治和高效低耗的碳捕获理论，为实现化工过程绿色稳定运行提供基础数据和理论支撑。全书共分9章，第1章介绍绿色化工的基本概念、方法和新进展，并给出多尺度模拟在绿色化工设计中的具体应用；第2章介绍煤化学链气化过程的分子动力学模拟及实验验证；第3章介绍煤化学链气化过程的流体力学优化；第4章介绍煤化学链气化过程的废水处理工艺设计；第5章介绍煤化学链气化过程的联合循环发电设计；第6章介绍基于萃取法的废水处理工艺设计；第7章介绍"以废治废"理念下的废水处理工艺设计；第8章介绍基于电渗析的高盐废水处理工艺设计；第9章介绍基于醇胺吸收的碳捕获技术。全书内容完整涵盖了"绿色工艺多尺度模拟→废水处理工艺设计→碳捕获工艺设计→工艺参数动态控制"的绿色化工设计各阶段，有机构成了多尺度机理分析与绿色工艺设计协同作用的化工过程清洁生产分析思路，可作为化工、环境及相关学科的研究生教材及参考书，也可供相关学科的工程技术人员参考使用。

本书由青岛科技大学的田文德、崔哲和刘彬编写，其中第5、 6、 8章由田文德编写，第1、 2、 3、 4、 7章由崔哲编写，第9章由刘彬编写，全书由田文德统稿。青岛科技大学的博士研究生李哲和硕士研究生张浩然、范晨阳、王雪、秦华参与了本书内容的部分研究工作，在此一并表示感谢。

由于著者水平有限，书中不足之处在所难免，有不妥之处，恳请读者批评指正。

著者

2024 年 5 月

于青岛科技大学

目录

第 3 章　煤化学链气化过程流体力学参数优化　　45

第 4 章　煤化学链气化过程废水处理优化设计　　60

第 9 章　醇胺吸收法脱碳　　　　163

第 1 章

绪 论

1.1 绿色化工背景及意义

1.1.1 化工生产特点

化工生产过程是以煤、石油、天然气等化石原料为起点经过一系列加工得到具有附加价值产品的过程总称。原料、中间产物及目标产物的多样性造成了化工生产工艺的复杂性。常见的化工生产过程主要分为图 1-1 所示的四个工段。

（1）原料预处理工段

原料的品质将极大程度影响产品的品质和获得成本[1]。此工段通过混合、粉碎、除杂等方法实现原料的预加工，以满足后续生产需要。常见的预处理设备主要有：混合设备、压力设备、粉碎设备等。

（2）化学加工工段

是以化学方法为主的生产目标性能产品的过程总称。此工段具有极高的复杂性，会产生大量的产品和副产品，同时还具有较高的连续性，连续操作可避免多次开、停车伴随的原料损失和操作费用[2]。

（3）产品后处理工段

由于产物复杂，无法直接获得目标产品，且为了提高经济效益，通过多种分离手段提高产品纯度[3]。此工段的设备主要包括：分离设备、浓缩结晶、干燥设备等。

（4）产品储存与运输工段

经过化学加工和后处理后得到的产物经过特定压力、温度或特定材料的容器储存、罐装以避免产品泄漏等危险状况发生[4]。

由于每一化工生产过程包括两种及以上工段，因此具有较高的复杂性、综合性，同时具有能耗高、安全系数低和环境友好性差等特点[5]。

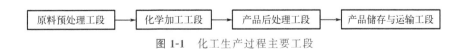

图 1-1　化工生产过程主要工段

1.1.2 绿色化工生产的必要性

近几十年来我国化工行业迅速发展，同时伴随产生的环境污染问题也日益严峻。2016年中国原油和天然气净进口量分别为3.81亿吨和752.4亿立方米，对外依存度分别为65.4%和32.9%。化工行业的能源消费总量约为工业能源消费总量的18%，约5.5亿吨标准煤❶，其中二氧化碳排放量的占比约为15%[6]。化工行业绿色发展的突出问题主要为"三废"排放量大、资源能源消耗量大、污染治理难度较大、安全环保事件发生频繁[7]。2015年，我国化工行业废水排放量为39.74亿吨，占全国工业废水排放总量（199.5亿吨）的19.92%，排名第一[8]；我国化工行业废气排放量为6.68万亿立方米，占全国工业废气排放总量（68.52万亿立方米）的9.75%，排名第四[9]；我国化工行业一般固体废物产生量为3.93亿吨，占全国一般固体废物产生总量（32.71亿吨）的12.01%，排名第四[10]。以上数据直接证明了化工工艺路线长、成分复杂、原料种类多、生产的废物种类多、处理困难。例如，高污染物负荷、难降解有毒废水可生化降解性差，处理成本高[11]；恶臭类废气如挥发性有机物异味严重且有害有毒物质多，难以通过无组织排放收集处理；精馏残渣、废盐、废酸等危险废物的回收利用难度大[12]。接连发生的腾格里沙漠污染环境案、废酸非法倾倒案等环境违法案件因"邻避效应"严重制约了化工行业的发展[13]。因此，危险废物处理处置、挥发性有机物治理、高浓度难降解废水治理皆成为化工行业污染治理的硬骨头，尤其是世界范围内多次化工厂严重危险事故的发生及其带来的严重环境污染和长久对人类生命的威胁，不断提醒各国政府要加强对化工行业安全环保问题的重视。2022年，全国化学需氧量排放量为2595.8万吨。其中，工业源废水中化学需氧量排放量为36.9万吨，占1.4%；农业源化学需氧量排放量为1785.7吨，占68.8%；生活源污水中化学需氧量排放量为772.2万吨，占29.7%；集中式污染治理设施废水中化学需氧量排放量为1.1万吨，占0.04%。我国从明确提出"可持续发展"战略后不断加快化工行业的绿色化工生产步伐。绿色化工生产的目的是通过不断推进机理研究、过程强化提高化工生产的环境友好性，在生产过程中，达到"三降一提"，即通过技术创新降低原料需求量、降低工艺能耗、减少污染物和排放以及提高原子利用率。

绿色化工技术的目标是使整个生产工艺或过程符合绿色化学原则，采用高新技术和先进设备在绿色化学基础上从源头阻止污染产生，即通过改进化工过程来实现化工生产的绿色化，运用工程技术和化学原理来消除或减少造成环境污染的催化剂、有害原料、副产品、溶剂及小部分产品，包括采用无毒无害的原料和可再生原料，实现原子经济反应，采用无毒无害的溶剂、助剂和催化剂，使用绿色能源和可再生能源，生产绿色化工产品等[14]。目前，实现绿色化工生产可通过生物技术[15]、绿色催化技术[16]、清洁生产技术[17]和节能降耗技术[18]等手段。生物技术是将微生物应用于低产量和相对高价值产品的化工生产过程。例如，通过微反应器技术制造以生物材料为起点的液相氧化和加氢，以及生物柴油合成，为绿色和可持续的化学合成提供了新的思考角度[19]。绿色催化技术是通过在化工生产过程中将传统催化剂更新为无环境污染的新型催化剂，从而实现工艺"零排放"。例如，Farzaneh[20]提出的基于绿色催化剂的羧甲基纤维素（CMC）合成路线，通过Knoevenagel-Michael环缩合法合成1H-吡唑并[1,2-b]酞嗪-5,10-二酮衍生物。此过程所使用的绿色催化剂不仅可

---

❶ 1吨标准煤＝29.3076 MJ。

回收利用，还有合成材料价格低廉、合成操作简单的优势，并且能够提高 CMC 产率，同时减少反应时间。相较于其他生产同类型产品的技术，清洁生产技术生成的污染物产量少或者污染物的消极影响更小。比如近年来的微化学反应器、超临界流体技术等绿色化工生产技术的开发主要是通过过程强化实现新理论、技术、设备的突破，使工艺向着速度更快、空间更小、生产更安全的方向发展[21]。此外，有必要设计具有可回收利用性、可处理性或可重新加工性能的清洁化学产品，如可降解塑料、氟氯烃替代产品、绿色涂料产品、高效低毒仿生农药——拟除虫菊酯等等[22]。

1.2 废水处理研究现状

随着化学工业的日益发展，废水对环境的污染日益严重[23]。废水管理治理在过去十年中因城市化、气候变化和资源枯竭等威胁的出现面临着严峻的挑战[24]。如果不能开发合适的废水处理技术将导致供水服务的巨大挑战。目前，全球每年有超过 4200 亿立方米的污水排入河流、湖泊和海洋，污染 5.5 万亿立方米淡水[25]。例如，有 3 亿多中国农村地区的人员面临饮用水不卫生问题，尤其是约 6300 万人的饮用水中含有过量的氟[26]。化工废水占工业废水的比重大，且难以净化和回收，其中煤化工废水含有大量的有毒、有害物质，如酚、烷烃、芳烃、氨氮、氰，化学需氧量（COD）是 $300 \sim 6000$ mg/L[27]，氨氮浓度是 $150 \sim 2000$ mg/L，苯酚浓度是 $50 \sim 1500$ mg/L[28]。以 H_2S、CO_2 为主的酸性气体会与废水中的氨氮相互作用，造成设备腐蚀[29]。废水中的酚类物质具有生物毒性，会降低生化细菌的活性，难以通过生物降解直接处理[30]。近些年，随着国家对废水治理重视度的提高，我国废水处理厂的数量逐年上升，如图 1-2 所示。但是整体来看，国内工业废水排放和水体污染问题仍然十分严重，工业废水处理仍是当前工业发展不可忽视的任务。目前，工业废水来源如图 1-3 所示，主要分为五大类，化学原料及其制品制造业、造纸及纸制品行业、纺织业、煤炭开采及其下游产品制造业和其他行业等，其中化工行业的化学原料及其制品制造业的废水排放占据首位[31]。

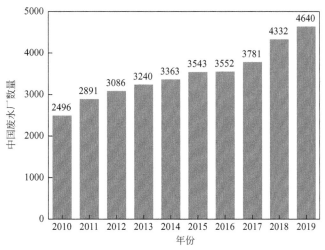

图 1-2 中国废水处理厂数量

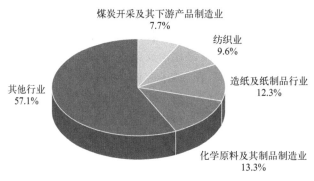

图 1-3　工业废水来源

化工废水的主要组成结构如图 1-4 所示，石油化工、煤化工、制药行业、化肥行业和橡胶行业等是化工废水的主要来源，主要特点是组成复杂、毒性较强且具有持续性、体量大、降解困难[32]。

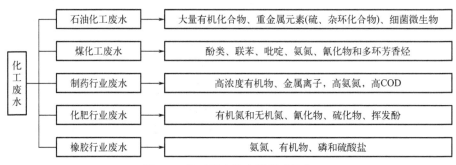

图 1-4　化工废水的主要组成结构

1.2.1　废水处理方法

研究人员针对废水中不同的污染物提出了不同的处理方法，如图 1-5 所示[33]。物理法是通过吸附、蒸发结晶、萃取等物理变化实现废水中污染物去除，优点是废水处理量大、安全系数较高，缺点为分离不彻底、不能完全降解污染物[34]。生物法通过将细菌、真菌和污泥等生物材料应用于废水处理领域，功能性细菌群落在废水处理过程中起着至关重要的作用，其优点是降解彻底、无二次污染，缺点是废水处理量少、对废水的物理条件（pH 值、温度等）要求较高，更适合作为二次处理降解低浓度小规模废水[35]。比如酶可作为生物催化剂，在温和条件下降低废水中某种特定污染物的含量。作用机理是酶上的活性位点在酶促过程中与特定的底物结合并降低活化能，使污染物处理过程更有效[36]。另外已有学者通过硫还原地杆菌、脱氯单胞菌、脱硫菌和蓝藻建造了三个 168 L 的中试微生物电解池，构建了生物电化学反应器，能够实现从污水污泥中回收磷酸盐，以无二次污染的方式净化废水的同时实现化合物回收[37]。化学法主要是通过一系列化学反应实现废水污染物的降解，优点是污染物被彻底分解，缺点是危险系数较另外两种高，且易产生二次污染物[38]。废水作为环境污染的主要来源，含有大量有毒的、不可降解的污染物，因此对其的处理在实际生产中尤为重要[39]。一般来说，难降解废水宜采用物理-化学方法处理，该方法采用多种物理或化学手段，如解离、吸附、萃取等，对有机物进行分离或分解[40]。例如，Li 等人[41] 提出了一种新的混凝-吸附一体化工艺处理含油废水，可将化学需氧量降低 85.3%，氰化物含量降低 99.4%。Zhang 等人[42] 采用微电解、芬顿（Fenton）氧化混凝法处理含油废水，对 COD 的去除率明显高于单一处理工艺。Xu 等人[43] 研究了 6 种常用溶剂体系如何影响 8 种主要豆科食品中酚类物质的产率和提取物的抗氧化能力。结果表明，不同极性溶剂对总酚含量、提取组分及抗氧化活性均有显著影响。Golet 等人[44] 开发了一种用于污水、污泥和污泥土壤样品中人用氟喹诺酮类抗菌药物环丙沙星和诺氟沙星的定量测定方法。加速溶剂萃取在溶剂和操作参数（如温度、压力和萃取时间）方面得到优化。Woertz 等人[45] 研究了在添加 CO_2 处理的奶牛养殖场和城市污水过程中生长的绿藻的脂质生产率和营养物质去除率的问

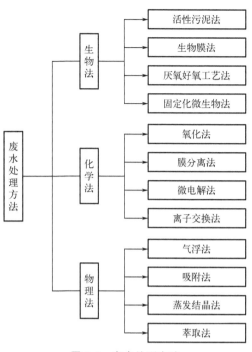

图 1-5　废水处理方法

题。结果表明补充 CO_2 的藻类培养可以同时将溶解的氮和磷去除到较低的水平，同时产生一种可能用于液体生物燃料生产的原料。Koh 等人[46] 综述了用麻风树油生产生物柴油的不同方法和技术。Yazici 等[47] 研究了基于电流密度、电解质浓度、初始 pH 等参数的电絮凝法对废水中 COD 的去除率，COD 的最佳去除率为 92%。目前综合经济性和安全性，以物理、化学和生物的协同方法处理化工废水为主，具体思路是通过物理化学法大幅度降低污染物浓度，然后通过生物法实现进一步降解。

1.2.2　萃取剂的选择

本小节以萃取法为例介绍不同萃取剂对化工废水中最常见的有机废水的去除效果。酚类污染物是化工废水典型的有机物，用于酚类废水萃取处理的萃取剂如表 1-1 所示，主要可分为单一溶剂、协同萃取剂、低共熔溶剂、离子液体等[48]。在选择萃取剂时应综合经济性、环保性、处理效果等多方面考虑，选择最适合的萃取剂以实现废水的高效处理[49]。比如单一溶剂来源简便，无须另外制备，但是萃取效果相比于其他萃取剂差；协同萃取剂、低共熔溶剂、离子液体的萃取效果较优，然而低共熔溶剂和离子液体需要提前制备，尤其是低共熔溶剂需要在高于室温条件下制备，除此之外，离子液体的毒性研究仍不明朗，存在二次污染问题[50]。

表 1-1　脱酚萃取剂的分类与示例

类别	示例
单一溶剂	三辛胺（TOA）
协同萃取剂	酰胺＋Cyanex 272、甲基异丁基酮＋正戊醇
低共熔溶剂	薄荷醇-麝香草酚-有机酸、丁醇-三正辛胺
离子液体	十六烷基三甲基溴化铵（CTAB）、哌啶和吡啶基疏水离子液体（ILs）

在实际生产中,烃类、醚类、醇类、酯类、酮类是常用的萃取溶剂,可将废水中苯酚的浓度降低到足以满足后续生化处理的要求[51]。例如,二异丙基醚(DIPE)由于其汽化热低、运行成本低,在许多煤气化装置中被选择作为萃取溶剂[52]。Chen 等人研究了甲基丙基酮(MPK)和甲基异丁基酮(MIBK)在 25 ℃和 70 ℃条件下对苯酚的(液+液)平衡数据,证明了萃取温度范围大于 DIPE[53]。Feng 等人[54] 用 MIBK 替代异丙酮,不仅可以降低成本,还可以提高萃取效率。许多学者都以高性能溶剂作为技术突破,改善了溶剂消耗大、能耗高、效率低等问题。这些研究主要涉及固体盐溶剂、复合溶剂、离子液体(ILs)、深共晶溶剂(DES)和协同萃取溶剂[55]。在这些新型溶剂中,ILs、DES 和协同萃取溶剂因其优异的性能而备受关注。在分离乙酸乙酯和乙醇的过程中,与其他萃取溶剂相比,ILs 通常是首选的合适溶剂,但它们大多溶于水,因此只有少数适合于水介质中的萃取。DES 是一类性质与 ILs 相似的新型溶剂,由氢键给体和氢键受体两部分组成。DES 因其价格低廉、生物降解性好、制备简单,比 ILs 更具优势。研究表明,DES 可以作为夹带剂分离共沸或近沸混合物[56]。由于溶剂的协同作用,溶剂混合物比单一溶剂的效率更高。Liao 等人[57]以苯、甲苯、二甲苯、乙苯、三甲苯、环己烷和辛醇等 7 种溶剂作为 MIBK 的候选稀释剂,在理想的逆流萃取模式下,利用非线性规划(NLP)模型进行了研究,模拟结果表明协同萃取溶剂效果较好。Zhang 等人[58] 将三辛胺(TOA)作为萃取剂从废水中提取氯化物。通过四级精馏塔可以提取 98.41%的氯化物,经过萃取废水中残留的氯化物小于 0.0169 mol/L。同时可以实现萃取剂的回收和利用,为去除废水中其他难处理无机阴离子提供了新的思路。Tian 等人[59] 提出了甲基异丁基酮和正戊醇作为协同萃取剂以实现含酚废水的有效处理,并通过分子动力学模拟研究了协同萃取剂分离废水中酚类化合物的微观机理,达到了93.02%的酚类污染物去除率。对于氯酚废水,已有研究证明哌啶和吡啶基疏水离子液体(ILs)萃取 3-氯苯酚、2,5-二氯苯酚、2,4,6-三氯苯酚和五氯苯酚的高效性,且萃取效果不受萃取温度和废水浓度影响[60]。综上所述,萃取剂的选择与开发是高浓度有机废水高效去除的关键。

1.2.3 高盐废水处理进展

高浓度含盐废水的定义是盐含量超过 1%的废水[61],高盐废水若直接排放会严重影响被排放地附近水体的渗透压,需先将其降解至排放标准以减轻对环境的危害。目前常用的高盐废水处理方法如图 1-6 所示。

(1)蒸发结晶(evaporation and crystallization,EC)

单/多效蒸发(SEE/MEE)以及单/多级机械蒸汽再压缩(SVR-MVR)工艺已普遍应用于高盐废水处理,优化的 MEE-SVR 系统与结晶装置相结合可以更高效地从高盐废水中去除固体盐[62]。

(2)超滤+反渗透(ultrafiltration+reverse osmosis,URO)

URO 技术处理高盐废水可分为常规超滤、纳滤、常规反渗透、高效反渗透等。其中,超滤是基于膜分离技术的压力驱动分离方法,主要目的是实现不同大小分子的分离,一般作为反渗透工艺的预处理方案,对悬浮物和胶体等污染物除浊效果良好[63];纳滤可以用于捕获高盐废水中的二价离子,在实现除浊的同时能够降低废水 COD[64];常规反渗透以压差为推动力采用生物膜可以实现大分子有机溶液的富集,在纳滤除浊、降低 COD 的基础上能够

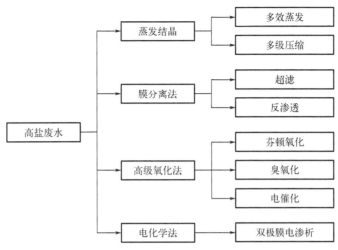

图 1-6　高盐废水处理方法

实现总含盐量（TDS）的降低[65]；高效反渗透则是在常规反渗透技术基础上提出的降低膜污染的优化方案，需要不断添加其他物质实现处理工艺内 pH 值的调节[66]。

（3）高级氧化（advanced oidation pocesses，AOP）

高级氧化工艺的处理效率高、废水生物降解性高、氧化选择性低，能够同时实现多种污染物的氧化处理，常见的高级氧化方法有芬顿氧化、臭氧化、电催化等[67]。目前以上几种方法的创新主要是氧化工艺催化剂的筛选，比如陈等人设计了一种新型载钙催化剂（Ca-C/Al_2O_3）作为臭氧化工艺催化剂实现高盐有机废水的处理，将化学需氧量去除率从 32.5% 提高到 64.4%[68]。磁粉活性炭（MPAC）作为一种非均相催化剂可用于芬顿氧化实现含盐石化废水的高效处理，芬顿氧化通过与超声波（US）和紫外线照射相结合，可以提高处理体系中催化剂的催化活性、可重复使用性和稳定性[69]。

（4）双极膜电渗析（bipolar membrane electrodialysis，BMED）

双极膜电渗析近年来在盐废水处理方面得到了迅速发展，在实现盐和废水分离的同时能将盐转化为经济价值更高的酸碱化合物。Chen 等人[70] 对几种常见高盐废水 BMED 的经济性进行了分析。同时对 BMED 操作条件做出优化，进一步提高了处理性能，为废水中盐资源高值转化利用提供参考。

（5）其他耦合工艺

为了实现高盐废水的有效处理，出现了多种耦合工艺，比如反应-萃取-结晶工艺。Yao 等人[71] 提出的以三辛胺-异辛醇为萃取体系的反应-萃取-结晶工艺能够实现稀土高盐废水中 91.04% 氯化物的回收，工艺绿色、环保、低能耗。Chai 等人[72] 设计了电芬顿耦合电吸附工艺，通过多电化学反应参与，有效地实现了废水脱盐，提高了去除性能，且将处理成本降低至 1.18 美元/m^3。

1.2.4　流程设计在废水处理中的应用

目前对于化工废水，均有相应的高效处理方法。为了实现废水处理研究成果转化，必须通过一个完善的工艺实现实际工厂规模的处理[73]。而在工艺投产之前，必须有相应的流程设计及小试、中试等确定工艺可行性[74]。流程设计已成为废水处理研究领域广泛认可的研究方法[75]。近年来，从优化和可持续性的角度对废水处理领域进行了多项流程设计研究。例如，Hayat 等人[76] 提出了环保和廉价的废水处理流程。Rashidi 等人[77] 提出了一种具有可持续功能的混合膜废水处理流程。Yu 等人[78] 研究了废水中苯酚去除的溶剂萃取处理流程以降低废水的 pH 值。Tian 等人[79] 采用 Aspen Plus 模拟优化双极膜电渗析工艺处理催化裂化高盐废水。模拟结果表明，处理后的废水中硫酸钠的质量分数由 8％降至 0.37％。Tian 等人[80] 提出了芬顿氧化法对离心母液的处理策略，对均相和非均相反应器进行优化设计，实现化工过程系统优化。Gai 等人[81] 利用低压水蒸气的改进流程对工业煤气化废水进行苯酚和氨的回收。因此，流程设计对实际废水处理工作具有重要意义。反渗透（RO）已在实验室规模广泛应用于降解废水中的有机和无机污染物，螺旋缠绕 RO 模型被设计以去除废水中苯酚，并确定最优操作参数，如反渗透膜的长度、宽度、进料间隔通道、工艺的温度和压力等[82]。这一优化设计保证了反渗透在废水处理工艺运行中的实际可操作性，促进了技术成果转化。偶氮红-60 染料的结构复杂，具有较强的致癌性和致突变性，常存在于纺织废水中。采用高级氧化工艺研究了废水中染料去除过程，通过优化条件在臭氧气流和紫外线存在下，在 pH＝7.5 的条件下实现了偶氮红-60 染料的 100％去除[83]。在淡化海水实现供应工业用水过程中，会产生含高浓度矿物离子的废水，一种海水淡化废水回收工艺模型被提出以通过电解获得可回收利用的碱性溶液，并实现了废水中的镁和钙离子的富集，最终实现了约 91％的 CO_2 捕获利用，且脱硫效率高达 99％，具有一定的盈利能力[84]。几乎所有化工业制造过程均产生无机盐，废水中盐的存在会对氧化工艺、电化学/生物处理等常见的废水处理工艺产生影响。为了解决这一问题，膜分离技术可以用于分馏废水中多种污染物[85]。然而目前膜处理废水仍大多停留于实验室研究规模，为了确定选择性分离膜的主要参数以便于实际工业应用，通过流程设计提出了一种最佳的处理策略，以减轻膜结垢倾向。

1.3　绿色化工过程设计概述

随着化工生产规模的不断扩大，化学品带来的环境污染和产生的对人类生存的威胁也不断加剧[86]。世界范围内大型环境污染事件屡屡发生，为了减少这类危险事故的发生，提出绿色化工过程设计这一概念。

绿色化工过程设计的内涵是通过对工艺机理分析，寻找最优反应路径从而达到反应物到目标产物的充分利用，达到减少废物产生的目的[87]。目前，绿色化工过程的目标是实现无害化学品加工过程的设计和应用。

1.3.1　化工过程设计与开发现状

化工过程设计与开发包括从新化学品、新技术以及新概念的提出和形成到实验室研究设计过渡到工业规模装置首次生产投用的全过程[88]。化工过程的设计和开发可以分为三个阶段：探索研究、过程研究和过程开发[89]。

（1）探索研究

探索研究即主观想法和方案的提出，其中包括收集、筛选方案相关信息使主观设想合理化的过程。氨作为重要的化工产品，在能源和农业肥料等方面具有广泛的应用。周等人提出煤直接化学链制氢取代传统煤制尿素工艺（CTU）装置的概念模型，为煤炭资源清洁高效利用提供了新的方向[90]。

（2）过程研究

过程研究主要是指一系列试验工作的完成，涵盖了反应催化剂的筛选、反应过程动力学研究和反应条件的优化，其次要通过分析鉴定测试确定产物组成达标后进行小试和技术经济评价。Zhang 等人为了开发化学链部分氧化（CLPO）技术，探究了平价金属氧化物作为载氧体（OCs）的反应过程，并分析了载氧体的作用机理以及 CLPO 技术中载氧体的设计和性能调节[91]。

（3）过程开发

过程开发是确定过程研究成果中生产装置的最佳操作条件和设计的过程，包括装置模拟过程、中试和放大过程，以及开停车、事故发生等非稳态状态下处理措施设计，和产品品质控制与监督[92]。华中科技大学开发了用于化学链过程的载氧体及其反应器，以典型 Cu 基载氧体（CuO@TiO 的合理合成路线 2-Al$_2$O$_3$）为例，研究了载氧体相关的反应动力学以及工艺伴随污染物（如 S 和 Cl）的负面影响，在此基础上研究了互联流化床反应器的设计、建造、运行和仿真经验[93]。

1.3.2　过程综合技术研究

过程系统综合技术旨在将整个化工生产工艺看作一个整体，即将反应单元作为系统的一个组成，通过物料集成或能量集成实现工艺内的优化，减少外部原材料或公用工程的引入量[94]。

（1）化工单元综合

萃取和分馏是化工行业常见工段之一。Chan 等人对比了有机溶剂萃取、水萃取、超临界流体萃取、蒸馏、吸附、色谱、电吸附和离子液体萃取等多种处理手段，最终通过有机溶剂萃取和分馏综合将复杂生物油混合物分离用于各种下游应用，通过技术整合为生物精炼厂的可持续发展提供前进方向[95]。芬顿工艺和活性污泥（AS）工艺是化工有机废水常用的处理手段，Yang 等人将两种工艺结合形成了预处理与生物废水处理集成系统用于降解有机污染物，并选取了对氨基二苯胺废水验证了集成系统的实际可行性，得到较高的 COD 去除率[96]。

（2）化工原料综合

氨由于其清洁性和便于运输的优势可以作为燃料和能量载体，Fang 等人提出了一种基于化学循环氨发生（CLAG）的集成系统，此系统通过与空气分离、吸附/解吸、合成反应相结合建立了新型氨生产回路，同时生成了蒸汽、一氧化碳和尿素等副产品[97]。纸浆和造纸行业工艺的多样化可以通过多种方式实现，比如生物燃料、能源和产品生产的整合。通过半纤维素提取和发酵技术综合将木质素和多糖等转化为合成气和潜在的生物燃料，最终转化为生物柴油等生物燃料[98]。

（3）能量利用综合

能量转化利用对于资源节约和减排至关重要，因此能量集成是过程集成的巨大进步。Yang 等人提出了一种资源消耗和碳排放最小化的质能综合方法，通过建立混合整数非线性规划（MINLP）模型对炼油厂和化学品合成厂工艺进行优化，煤炭消耗可节约 23.9%，天然气消耗可减少 7.6%，二氧化碳排放量可减少 14.4%[99]。Lee 等人通过设计多种热集成路线提出了碳酸二甲酯生产的节能优化设计，相较于传统变压分离，基于蒸汽再压缩热泵

（VRHP）的热集成设计降低了30.28%的经济投入成本，并降低了37.5%的CO_2排放[100]。

1.4 动态控制研究现状

随着我国科学技术和社会经济水平的提升，化工产业发展迅速。由于化工过程非常复杂，相对于其他领域来说有着较高的危险性。因此本部分将从复杂网络关键变量应用、动态模拟技术和安全评价方法三个方面论述工艺动态安全控制的重要工作，三者之间的关系如图1-7所示。

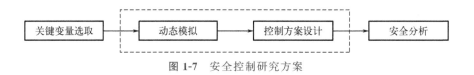

图1-7 安全控制研究方案

1.4.1 复杂网络应用

复杂网络理论是从物理网络中抽象出来的一种特征提取工具，在化学、生物、材料等诸多学科中有着广泛的应用，为解决化工过程变量冗余的问题提供了一系列新思路和新技术[101]。由于实际化工过程生产监控的需要，化工过程的控制仪表和显示仪表的数量非常多。鉴于一个仪表相当于一个变量，所以化工过程符合高维度变量工业过程的范畴[102]。考虑到化工流程不仅变量维度高，而且变量之间的耦合性强，因此存在着干扰变量的大量噪声。所以需要根据具体流程的特性针对性地提取过程数据的特征变量，通常采用如图1-8所示的特征提取[103]和特征选择[104]技术明确关键变量。特征提取与特征选择能够消除干扰变量、压缩过程变量维度并且建立强针对性的特征变量，可以为动态控制方案的设计提供参考[105]。

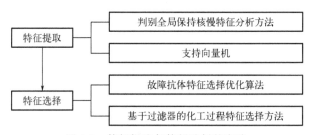

图1-8 特征提取与特征选择的方法

（1）特征提取

特征提取是按照特定的规则在保留大部分信息的前提下将高维度的化工过程数据映射到低维度空间的特征变换方法。Deng等人[106]提出了一种既能够保留观测变量局部和全局的结构信息的判别特征又能提取间歇过程的判别全局保持核慢特征分析（discriminant global preserving kernel slow feature analysis，DGKSFA）。Francisco Jaramillo等人[107]采用支持向量机学习提取了硝化反应阶段传感器测量值的频域和时域特征进而估计了硝化阶段的持续时间。

（2）特征选择

特征选择是按照特定的规则在保留大部分信息的前提下从变量集中选择出特征子集的特征变换方法。Zhao 等人[108] 提出了与单一人工免疫系统相比更优异的基于遗传算法的化工过程故障诊断方法。Cang 等人[109] 提出了在化工分类相关的数据集上应用显示出良好故障识别性能的一种基于过滤器的化工过程特征选择方法。Zhang 等人[110] 提出了能得到最优的特征集合和支持向量机超参数的化工过程故障诊断框架。

在复杂网络中，不同的节点之间被赋予了不同的权值，节点间权值的大小代表前一节点对后一节点的影响程度。其中，每个节点都存在一个特定的函数，通过该函数可以综合计算所有输入该节点的信息并输出计算得到的结果[111]。对于复杂网络的应用，Jiang 等人[112]提出了能证明氨厂网络是小世界、无标度的氨厂复杂网络。Craciun 等人[113] 采用复杂网络理论解决了化学反应在等温均相搅拌槽式反应器中的多重平衡问题。Wang 等人[114] 建立了焦氨、合成尿素、精炼和氯碱的复杂网络拓扑结构。从网络的小世界、复杂性、无标度等方面对复杂网络的复杂性进行分析有助于探究典型化学过程。复杂网络的一般原理是通过定量分析来分析一个节点相对于其他节点的重要性。基于节点重要性的关键节点识别是维护网络安全的关键任务。可以对这些关键节点实施单独的保护措施，增强网络的抗毁性，也可以对这些关键节点进行蓄意攻击，破坏整个网络[115]。因此，关键节点识别的研究不仅在实际复杂网络中具有重要的理论作用，而且具有重要的应用意义[116]。对于节点重要性评价研究，韩等人[117] 提出了一种基于节点与邻居节点之间三角结构的有效的节点影响力度量指标模型，该模型不仅考虑了周边邻居节点的规模同时包括节点间的三角结构。苏等人[118] 通过初始感染最大和最小中心性节点从传播异构性角度揭示网络结构异构性对信息传播的影响。王等人[119] 以大型换热网络为研究对象构造以换热器为节点、换热器之间的干扰传递抽象为边的网络拓扑结构。于等人[120] 提出了一种基于多属性决策的复杂网络节点重要性综合评价方法来得到节点的重要性综合评价结果。胡等人[121] 提出了考虑节点内部属性和外部属性的群落中心性指标模型。

复杂网络已经成为化工过程研究中不可或缺的工具，在化工过程中得到了广泛的应用。复杂网络在化工过程动态控制方案设计中起着至关重要的作用，可以克服模型建立复杂和机理难以确定的传统机械模型带来的问题。

1.4.2　动态机理模拟技术

为了保障化工装置运行的稳定性和安全性，工艺的动态特性监测与控制是非常必要的，以石油、煤等为原料在内的化工行业已将动态模拟视为安全分析过程中选定关键变量的重要手段和实现方式[122]。动态模拟是在基于宏观流程模拟的基础上通过引入时间变量，实现工艺变量在运行状态下波动情况监测。

目前最常用的动态模拟工具是 Aspen Dynamics 和 Aspen Hysys，两者都能同时实现过程系统工程、化学工程、热力学、控制理论、动态数据处理等多理论融合，能够高效地设计和验证过程控制策略，为化工过程的平稳运行提供了有力保障[123]。例如，Zhang 等[124] 通过添加压力控制器来保证化工过程的平稳运行，该控制器在成分分布、跟踪压力和期望产品的目标转换等动态行为方面有良好表现。Jaime 等人[125] 通过 Aspen Dynamics 对以甘油-乙二醇混合物作为分离剂的萃取蒸馏系统传统控制方案进行了评估。Yang 等人[126] 提出了保持产品高纯度的高效节能塔系统动态设计方法。Ioli 等人[127] 采用优化算法以 Aspen Dynamics 为工具对精馏塔的组成控制器进行了设计。Sotelo 等人[128] 在 Aspen Hysys 动态环境中模拟了真实工况下的动力学及相关控制结构。动态模拟也广泛应用于安全分析中。Berdouzi 等人[129] 提出了一种将动态模拟与风险和可靠性分析（HAZOP）相结合的方法，以识别导致严重事故的危险情景。Tian 等人[130] 提出了一种基于动态模拟的定量 HAZOP 方法，将动态模拟作为偏差推理工具，以减少人工 HAZOP 分析中的不确定性。因此，动态机理模拟是实现安全分析的有效方法。Tian 等人[131] 针对炼油过程常减压废水中含有高浓度的酚类污染物问题，提出了一种协同萃取方法。为了保证实际运行时的处理效果稳定设计相应的控制方案。针对于提出的控制方案，增加了进料扰动以测试控制方案的抗干扰能力。Cui 等人[132] 同样将 Aspen Dynamics 应用于伊士曼工艺排放的高浓度有机物废水工艺中。在对提出的几种处理方案进行仿真和评估后，采用复杂网络理论评估了设计工艺中各变量对于废水处理的重要性，最终利用 Aspen Dynamics 软件提出了一种基于关键变量的控制方案，设计工艺抗扰动能力也得到了验证。Li 等人[133] 同样在废水处理研究方向应用了动态模拟手段，为了验证提出的粗酚分离废水源头减排＋末端治理方案的可靠性，通过控制器网络设计实现了在废水流量±10％的干扰时的快速反馈和调控。除了在废水处理工艺设计上的应用之外，动态控制方案还可以用于工艺改进。比如常压蒸馏装置中原油进料特性会严重影响产品质量，因此需要对原油流量干扰进行控制和调整。Behrooz 等人[134] 采用 RGA 分析的推论控制结构并通过闭环随机优化框架实现了原油进料的严格控制，通过动态模拟表明，所提出的控制器对进料流速和质量干扰的抗扰性能有较强的正向促进作用。

1.4.3 动态安全评价

随着我国经济蓬勃发展，化工行业工艺规模得到了极大的扩大，在此过程中，化工装置的复杂动态性导致生产过程中的危险因素逐渐增多，同样给现场操作工人的安全生产带来了巨大的挑战。为了实现化工行业的安全生产和稳定运行，坚持以人为本的原则，化工安全分析这一概念被提出。化工工艺的安全分析方法主要分为故障诊断、危险性预测、安全检查仪表法等，其中安全检查仪表法是将整个工艺装置视为整体，对其操作安全、设备和环保等多方面综合检查以制定相关的安全检查表用于监测并确定工艺系统的安全性[135]。其主要目的是增强化工生产的规范性和提高操作员工的安全意识。安全完整性水平（SIL）是评价化工动态过程仪表功能安全的重要安全分析方法。功能安全分析的主要目标之一是确定安全相关系统所需的安全相关功能的 SIL[136]。功能安全是整体安全的一部分，其目的是通过引入一套与安全相关的功能，将危险系统的风险降低到可接受或可容忍的水平。功能安全管理包括危害识别、风险分析和评估、总体安全要求的规范和安全功能的定义[137]。根据风险评估结果，确定 SIL 用于连续安全功能。这些功能是在由安全仪表系统（SIS）和基本过程控制系统（BPCS）组成的工业控制系统（ICS）中实现的[138]。随着化工行业的快速发展，化工厂高集成化、大型化，对安全风险分析的需求越来越大。特别是石油化工行业，由于其操作条件严格、工艺流程复杂、产品易燃易爆，迫切需要 SIL 评价[139]。SIL 被广泛应用于石油化工行业，保护环境、人员和设备免受高液位、高压、泄漏引起的爆炸等危险危害。IEC 61508 1998 是石化行业控制工程系统功能安全领域和可编程电子安全系统的安全标准，要求在安全系统设计之前必须进行 SIL 评估[140]。因此，SIL 是有效评估工艺动态稳定性的安全方法。

1.5 多尺度模拟研究现状

多尺度模拟指的是分别从微观、介观和宏观等层次对被研究系统进行描述，以实现被研究系统物质能量传递的机理研究，为化工过程强化提供强有力的、全面的指导，如 1-9 所示。目前多尺度模拟中微观、介观和宏观模拟的典型代表方法分别为分子动力学（MD）模拟、计算流体力学（CFD）模拟和流程模拟三种，接下来将对这三种模拟手段进行详细介绍。

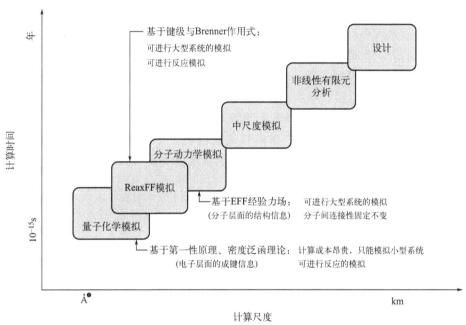

图 1-9 尺度间的层次关系

1.5.1 分子动力学模拟

MD 模拟是以牛顿力学为基础，通过模拟体系微观分子层面在体系坐标中的变化，映射出相互作用能和能量的变化，进而分析发生宏观变化时的机理[141]。具有以下特点：MD 模拟可以提供大分子在单分子甚至原子层次结构下的动力学性质，为功能关系与结构分析提供参考；MD 模拟可以与实验结合，互为补充，获得实验技术很难突破的分子层次的具体信息，分析出较为全面的结果。选择合适的力场是 MD 模拟的基础[142]。常见的力场主要有 OPLS 力场、AMBER 力场、ESFF 力场、COMPASS 力场和 ReaxFF 力场[143]。其中，ReaxFF 力场是为了弥补 MD 方法与量子力学方法（QC）之间缺陷而开发的一种力场，既适用于广泛的化学系统，又没有 QC 方法存在的原子数量的限制，最高可以进行百万原子级的 MD 模拟，如图 1-9 所示[144]。MD 模拟已经被普遍应用于化工研究领域，实用性和可靠性

---

❶ 1 Å $= 10^{-10}$ m。

得到了广泛认可。

比如，Wang 等人[145] 通过 ReaxFF 反应力场分子动力学（ReaxFF-MD）方法研究了正十二烷的燃烧和热解机理。Liu 等人[146] 模拟了复杂分子体系如 6-二环丙烷-2,4-己炔的燃烧和热解。Salmon 等人[147] 构建了几十个原子的功能模型和含 2692 个原子的褐煤模型，通过 ReaxFF-MD 方法再现了在实验中观察到的反应，为实际的热解过程提供 MD 模型。Moradi 等人[148] 采用 MD 模拟获得了 CO_2 和 C_2H_6 在液态碳氢化合物体系中的扩散率，在对体系中分子进行优化后，选择了最适合体系的 COMPASS 力场进行模拟，通过将 MD 模拟得到的扩散系数的预测值与一些理论和经验扩散系数值比较，验证了 MD 模拟的精度。同时通过研究温度对扩散系数的影响，计算了活化能和指前因子，用于乙烷在庚烷和己烷溶剂中的扩散计算和模拟。Xu 等人[149] 利用 MD 模拟方法建立了基于岩石模型、聚合物分子模型和聚合物溶液系统模型的相互作用模型，通过模拟微观层面聚合物在纳米孔中的传递过程，解释了聚合物分子扩散、吸附和黏弹性规律，从而揭示了聚合物的渗流机理，为驱油剂的优化及宏观流体性能和流动参数的表征提供了理论基础。

MD 模拟也已被广泛应用于废水处理领域，比如，为了去除废水中的重金属污染物铜离子，Pirsalami 等人[150] 开发了一种新型生物吸附剂甘草根，为了研究甘草根的吸附参数以及吸附等温线和热力学，用分子动力学模拟传质过程，结果表明甘草根中的羟基官能团（R-O-H）的氧原子对吸附的影响最大，并通过能量色散 X 射线光谱和傅里叶变换红外分析证实了微观吸附过程机理的真实性。

1.5.2 流体力学模拟

CFD 模拟可用于设备中质量、能量和动量传递建模，计算工艺模块内的温度和浓度分布、流体流动速度等曲线，通过曲线分析实现工艺强化[151]。CFD 可以耦合气固分离领域的质量、热量和动量传递现象，如图 1-10 所示。目前 CFD 模拟已广泛应用于工艺过程强化和设备设计中。

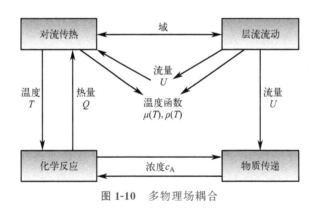

图 1-10 多物理场耦合

比如，Zare 等人[152] 提出了直触式膜精馏过程的全面二维 CFD 模型，并验证此模型结果的准确性。同时通过 CFD 模拟讨论了进料和膜通道中的流体流速、渗透温度等参数对渗透通量的影响。Yan 等人[153] 通过 MD 模拟和 CFD 模拟结合研究了油气及原油的微观混溶机理和宏观流动特性。MD 结果表明，油气驱与水驱相比和油分子的混溶性更强，在 MD 模拟结果基础上，构建的 CFD 模型结果表明由于油气混溶性，烃类气体会削弱孔隙率和润湿性的负面影响，残余油（RO）含量降低。基于这一机理，Yan 等人提出的多组分注射方法有效降低了 RO 含量和注射时间。

CFD 模拟在预测气体扩散流方面同样具有高适用性，如 Pedro 等人[154] 将 CFD 与人工神经网络算法结合应用于大气分散问题。将 CFD 模拟结果用于训练神经网络以达到数字孪生设计和优化程序的目的，并以甲烷泄漏的情景为例进行模拟和分析，验证了 CFD 与人工神经网络算法结合应用的可靠性。

1.5.3　流程模拟

流程模拟技术是综合应用系统工程、计算数学、过程工程等学科的理论与方法，开发专用软件对流程工业的单元过程、设备及整个流程系统在计算机上进行描述的过程[155]。流程模拟系统可对环境评价、过程优化和经济效益作出全面的分析和精确的评估，对化工过程的规划、研究与开发及技术可靠性作出分析[156]。流程模拟的实质是根据进料工艺的稳态数据比如工艺操作条件、压力、设备参数、温度、有关产品的纯度要求求解非线性代数方程组，可应用于石油化工、食品、动力、节能、炼油、医药、气体加工、煤炭、冶金、环境保护等许多工业领域。

流程模拟能将工艺模型与真实的装置数据进行拟合，确保精确、有效的真实装置模拟。比如，Onarheim 等人[157] 建立了工业流化床快速热解生产生物油过程的稳态模型，并证明了此流程模拟结果与试验装置的实验数据一致。Hu 等人[158] 对 0.3 MW 常压鼓泡流化床燃烧室试验台的稳态运行进行了流程模拟，且模拟结果与实验数据一致。Patra 等人[159] 开发了一个生产富氢气体流程的模型，并通过实验结果验证了模拟的产物气体中 CO 和 H_2 组成的准确性。除此之外，流程模拟也广泛用于指导流程设计以实现多目标的生产。例如，Yang 等人[160] 使用 Aspen Plus 评估了微波辅助催化热解结合轻度加氢生产航空燃料氢、环烷烃和生物炭设施的经济可行性。Zhang 等人[161] 对正戊烷制芳烃和甲醇提出了一种新颖的工艺设计方法，对五种情况进行了质量平衡和能量平衡，并进行了能量和技术经济分析，证明了甲醇和正戊烷共投料可提高芳烃的生产性能。近年来，研究者们对于化学链气化（CLG）的流程模拟也愈发重视。Zhu 等人[162] 基于吉布斯自由能最小化原理首次建立了以 Fe_2O_3 为氧载体的生物质化学循环气化模型，并对该流程过程模拟和热力学分析进行了讨论。因此，流程模拟为实际装置的优化设计提供了技术支持。

1.6　研究思路

针对化工行业资源能源消耗量大、"三废"排放量大、污染治理难度较大以及安全环保事件发生频繁等绿色发展的突出问题，本书提出了基于多尺度建模的绿色化工流程设计及动态控制策略。以煤化学链气化（CCLG）过程为研究对象，同时兼顾典型废水、废气，包括含酚废水、高浓度有机废水、高盐废水和 CO_2 的处理流程设计，采用 MD 模拟、CFD 模拟与流程模拟，理论计算与实验测试的多尺度、多策略的新型融合式研究手段，旨在实现化工过程的动态模拟、系统优化，环境保护的研究开发和装置的安全、平稳高效运行。整体研究思路如图 1-11 所示，一共包括三大部分，其中第一部分为 CCLG 过程的 MD 模拟研究及实验验证，第二部分为 CCLG 过程 CFD 参数优化，第三部分为 CCLG 废水处理优化设计及 CCLG 联合循环发电系统设计，并在此基础上详细拓展萃取法催化裂化含酚废水处理工艺设

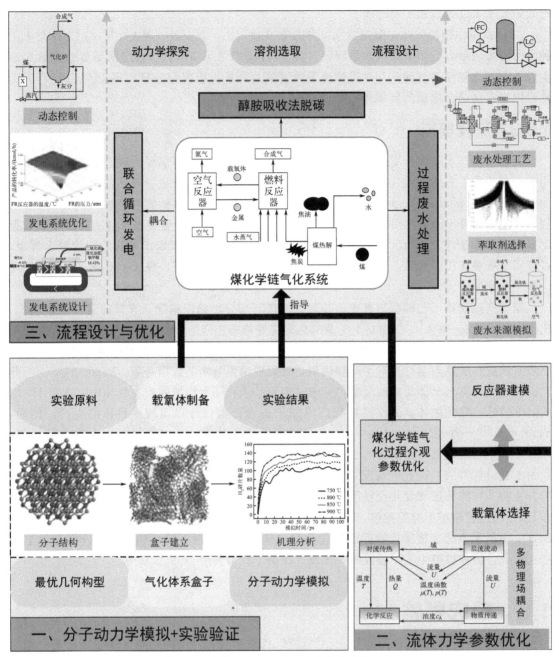

图 1-11　基于多尺度建模的绿色化工流程设计及动态控制研究思路（1 atm＝101325 Pa）

计、"以废治废"的戊二醇生产废水处理工艺设计、双极膜电渗析处理催化裂化高盐废水工艺设计和醇胺吸收法脱碳以丰富化工生产过程的绿色化。

上述思路的具体研究内容如下，一共有 8 个步骤。

（1）MD 模拟＋实验验证

以 CCLG 为研究对象，采取 MD 模拟与实验测试相结合的研究方法，通过 CCLG 过程的机理探索获得过程最优参数。首先是建立所需原料的分子模型，并对所有的分子模型进行能量和几何优化。以不同质量比例将所建立模型混合为多个体系，并逐步对每一个体系开展弛豫工作来确保各个系统的稳定性。对不同系统分别进行 ReaxFF 反应力场分子动力学（ReaxFF-MD）模拟以获得微观可深入分析的结果，并通过 CCLG 实验测试，包括实验装置的搭建和载氧体的制备，来进一步验证分子模拟结果的准确性。

（2）CFD 参数优化

依据拟流体假设集成了传质、流体流动、传热和化学反应四个物理场，涉及气体与金属氧化物之间的非均相反应以及焦炭气化，对包括焦炭和载氧体在内的固相进行了 CFD 模拟。根据实际 CCLG 装置提供了水蒸气的模拟参数、空气反应器和燃料反应器（FR）尺寸、载氧体模拟参数及其他参数对 CCLG 过程进行 CFD 建模，主要包括动量方程、质量方程、能量方程以及反应动力学模型的建立。与此同时，研究了 FR 中反应的机理，包括定义气化反应和建立反应动力学模型。最后模拟载氧体在 FR 的最佳停留时间、不同载氧体在 FR 中的性能和不同操作参数对 CCLG 过程的影响。

（3）CCLG 过程废水处理

对 CCLG 中煤热解废水（CPW）的整个产生过程进行流程模拟以验证 CPW 处理的必要性并分析其对 CCLG 过程的影响。利用量子化学方法探索了三种萃取剂分别为甲醇、MPK 以及协同溶剂与苯酚分子的稳定构型和相互作用能，通过对比计算所得的相互作用能大小选择最合适的萃取剂。然后提出三塔处理流程分析 CPW 处理效果，并在此基础上优化 CPW 处理流程动态控制方案以保证控制方案的系统稳定性和处理有效性。

（4）CCLG 联合循环发电

设计一种新型的煤化学链过程联合循环发电系统，并对所提出的新系统进行模拟设计和综合分析。通过流程模拟分别对煤化学链过程联合循环发电系统中二氧化碳催化加氢工艺、化学链制氢工艺、发电工艺、煤气化工艺进行研究。通过优化煤化学链过程联合循环发电系统确定了最佳水蒸气-煤比和换热面积。最后通过比例控制器控制煤气化工艺中最佳水蒸气-煤比以优化控制方案，使得蒸汽的流量随着煤进料量的变化满足过程所需。

（5）含酚废水处理工艺设计

针对含酚废水的组成，进行萃取剂的选择，从微观角度对油中除酚和油中除酚过程中萃取剂的萃取机理进行分析和研究，说明萃取剂的选择优劣。设计废水处理流程实现物流间的热量交换和减少冷热公用工程的输入，通过灵敏度分析改变操作参数对所设计的废水处理流程进行优化。添加相应的基本过程控制器对优化后的流程进行动态模拟，分析流程在进料扰动下的稳定性，以保证整个工艺在进料流量发生轻微扰动或小幅变化下仍能保持在稳定状态。

（6）"以废治废"的戊二醇生产废水处理工艺设计

依据废水的组成选择最合适的萃取剂并设计最佳的废水处理方案。对确定的废水处理方案进行初步流程模拟并用重要模拟结果指导废水的实验探究。分别开展废水的萃取、反应和精馏实验，通过实验结果分析与讨论指导流程模拟优化。依托经数据处理后的实验数据进行流程模拟的优化，获得了最佳的废水处理结果。设计废水处理流程动态控制方案，观测扰动状态下废水组成的动态响应情况，保证废水处理的有效性。

（7）BMED 处理高盐废水工艺设计

设计并优化所选 BMED 技术处理高盐废水的处理流程。对实验探究 BMED 处理废水过程得到的实验数据进行分析和拟合，讨论 BMED 技术处理该废水的处理效果及过程数据。

通过流程模拟对处理过程进行分析。通过设计太阳能有机朗肯循环发电过程并以太阳能作为热源提供热量，实现了 BMED 废水处理过程中的电能供应。

（8）醇胺吸收法脱碳

探究醇胺（伯、仲、叔）溶剂吸收 CO_2 动力学，分析仲胺和空间位阻胺吸收 CO_2 反应动力学及机理，开展碳酸酐酶催化醇胺溶剂体系吸收 CO_2 反应动力学的研究，选择最佳吸收溶剂，设计低能耗捕获 CO_2 流程。

本章小结

目前，化工清洁生产的目标是节能、降耗、减污、增效，实现此目标的关键是使用清洁的能源和原料，不断采取改进设计，改善管理，采用先进的工艺设备与技术，综合利用，提高资源利用效率，从源头消减污染，避免或者减少生产和使用过程中污染物的排放和产生，以消除或减轻对环境和人类健康的危害，因此有必要采用高新技术和先进设备通过改进工艺来实现化工生产的绿色化。本书中提出的基于多尺度建模的绿色化工流程设计及动态控制研究方法将为实现大型化工装置的清洁生产提供理论支撑和应用策略。

参考文献

[1] Liu L Y, Chandra R P, Tang Y, et al. Instant catapult steam explosion: An efficient preprocessing step for the robust and cost-effective chemical pretreatment of lignocellulosic biomass [J]. Ind Crops Prod, 2022, 188: 115664.

[2] 许浩洋, 刘志坚, 邓小肃. 连续重整催化剂装置工程技术优化 [J]. 中外能源, 2022, 27 (6): 70-80.

[3] Petukhov A N, Shablykin D N, Trubyanov M M, et al. A hybrid batch distillation/membrane process for high purification part 2: Removing of heavy impurities from xenon extracted from natural gas [J]. Sep Purif Technol, 2022, 294: 121230.

[4] He J, Xiao Y, Huang L, et al. Application of leakage pre-warning system for hazardous chemical storage tank based on YOLOv3-prePReLU algorithm [J]. J Loss Prev Process Ind, 2022, 80: 104905.

[5] Chen J, Zhao D. Complexity of domestic production fragmentation and its impact on pollution emissions: Evidence from decomposed regional production length [J]. Struct Change Econ D, 2022, 61: 127-37.

[6] Seo M W, Jeong H M, Lee W J, et al. Carbonization characteristics of biomass/coking coal blends for the application of bio-coke [J]. Chem Eng J, 2020, 394: 124943.

[7] Liu X, Jin Z, Jing Y, et al. Review of the characteristics and graded utilisation of coal gasification slag [J]. Chin J Chem Eng, 2021, 35: 92-106.

[8] 吴立新. 煤焦化清洁高效发展是我国煤炭清洁利用的关键 [J]. 煤炭经济研究, 2019, 39 (8): 1.

[9] Xue F, Li D, Guo Y, et al. Technical progress and the prospect of low-rank coal pyrolysis in China [J]. Energy Technol-gey, 2017, 5 (11): 1897-1907.

[10] Junlin M, Wenjie L, Guoquan Z, et al. Emerging CO_2-mineralization technologies or Co-utilization of industrial solid waste and carbon resources in China [J]. Minerals, 2021, 11 (3): 274.

[11] 耿海清. 对新时代我国战略环评工作的思考 [J]. 环境保护, 2019, 47 (2): 35-38.

[12] 李力. 低碳技术创新的国际比较和趋势分析 [J]. 生态经济, 2020, 351 (3): 17-21.

[13] 张传坤, 牛文东, 赵舒铭, 等. 全球能源短缺调查及思考 [J]. 国网技术学院学报, 2019, 22 (2): 36-38.

[14] Wang X, Chen L, Liu C, et al. Optimal production efficiency of Chinese coal enterprises under the background of de-capacity-investigation on the data of coal enterprises in Shandong province [J]. J Cleaner Prod, 2019, 227: 355-365.

[15] Kate A, Sahu L K, Pandey J, et al. Green catalysis for chemical transformation: The need for the sustainable de-

velopment [J]. Curr Res Green Sustainable Chem，2022，5：100248.

[16] Gunawan M，Novita T，Aprialdi F，et al. Palm-oil transformation into green and clean biofuels：Recent advances in the zeolite-based catalytic technologies [J]. Bioresource Technology Reports，2023，23：101546.

[17] Li F，Cao X，Sheng P. Impact of pollution-related punitive measures on the adoption of cleaner production technology：Simulation based on an evolutionary game model [J]. J Cleaner Prod，2022，339：130703.

[18] Huang J，Luan B，He W，et al. Energy technol-gey of conservation versus substitution and energy intensity in China [J]. Energy，2022，244：122695.

[19] Yue J. Green process intensification using microreactor technology for the synthesis of biobased chemicals and fuels [J]. Chem Eng and Process，2022，177：109002.

[20] Mohamadpour F. Carboxymethyl cellulose (CMC) as a recyclable green catalyst promoted eco-friendly protocol for the solvent-free synthesis of $1H$-pyrazolo [1,2-b] phthalazine-5,10-dione derivatives [J]. Polycyclic Aromat Compd，2022，42（4）：1091-1102.

[21] Wang X，Tian Y，Zhao H. Chemical process intensification makes the chemical industry greener：An interview with Zhigang Lei [J]. Green Chem Eng，2020，1（2）：77-80.

[22] 耿海清. 对新时代我国战略环评工作的思考 [J]. 环境保护，2019，47（2）：35-38.

[23] Ben W，Zhu B，Yuan X，et al. Occurrence，removal and risk of organic micropollutants in wastewater treatment plants across China：Comparison of wastewater treatment processes [J]. Water Res，2018，130：38-46.

[24] Butler D，Ward S，Sweetapple C，et al. Reliable，resilient and sustainable water management：The safe & sure approach [J]. Glob Chall，2016，1（1）：63-77.

[25] Burns E E，Carter L J，Kolpin D W，et al. Temporal and spatial variation in pharmaceutical concentrations in an urban river system [J]. Water Res，2018，137：72-85.

[26] Jelic A，Gros M，Ginebreda A，et al. Occurrence，partition and removal of pharmaceuticals in sewage water and sludge during wastewater treatment [J]. Water Res，2011，45（3）：1165-1176.

[27] Akhmetshina A I，Petukhov A N，Mechergui A，et al. Evaluation of methanesulfonate based deep eutectic solvent for ammonia sorption [J]. J Chem Eng Data，2018，63（6）：1896-1904.

[28] Azzam M O J. Olive mills wastewater treatment using mixed adsorbents of volcanic tuff，natural clay and charcoal [J]. J Environ Chem Eng，2018，6（2）：2126-2136.

[29] Kataka M O，Matiane A R，Odhiambo B D O. Chemical and mineralogical characterization of highly and less reactive coal from Northern Natal and Venda-Pafuri coalfields in South Africa [J]. J Afr Earth Sci，2018，137：278-285.

[30] Liu C，Chen X X，Zhang J，et al. Advanced treatment of bio-treated coal chemical wastewater by a novel combination of microbubble catalytic ozonation and biological process [J]. Sep Purif Technol，2018，197：295-301.

[31] 张蒙蒙，张鑫. 化工废水处理技术研究及应用现状 [J]. 炼油与化工，2022，33（5）：25-30.

[32] Xu A，Wu Y H，Chen Z，et al. Towards the new era of wastewater treatment of China：Development history，current status，and future directions [J]. Water Cycle，2020，1：80-87.

[33] Seuring S，Müller M. From a literature review to a conceptual framework for sustainable supply chain management [J]. J Clean Prod，2008，16（15）：1699-1710.

[34] Busca G，Berardinelli S，Resini C，et al. Technologies for the removal of phenol from fluid streams：A short review of recent developments [J]. J Hazard Mater，2008，160（2）：265-288.

[35] Rubio J，Souza M L，Smith R W. Overview of flotation as a wastewater treatment technique [J]. Miner Eng，2002，15（3）：139-155.

[36] Feng S，Hao N H，Guo W，et al. Roles and applications of enzymes for resistant pollutants removal in wastewater treatment [J]. Bioresource Technol，2021，335：125278.

[37] Blatter M，Furrer C，Cachelin C P，et al. Phosphorus，chemical base and other renewables from wastewater with three 168-L microbial electrolysis cells and other unit operations [J]. Chem Eng J，2020，390：124502.

[38] Lee S Y，Chun Y N，Kim S I. Characteristics of phenol degradation by immobilized activated sludge [J]. J Ind Eng Chem，2009，15（3）：323-327.

[39] Mahgoub S，Abdelbasit H，Abdelfattah H. Removal of phenol and zinc by Candida isolated from wastewater for inte-

grated biological treatment [J]. Desalin Water Treat，2015，53（12）：3381-3387.

[40] Wong J K H，Tan H K，Lau S Y，et al. Potential and challenges of enzyme incorporated nanotechnology in dye wastewater treatment：A review [J]. J Environ Chem Eng，2019，7（4）：103261.

[41] Li C，Mei Y，Qi G，et al. Degradation characteristics of four major pollutants in chemical pharmaceutical wastewater by Fenton process [J]. J Environ Chem Eng，2021，9（1）：104564.

[42] Zhang Z，Han Y，Xu C，et al. Effect of low-intensity direct current electric field on microbial nitrate removal in coal pyrolysis wastewater with low COD to nitrogen ratio [J]. Bioresour Technol，2019，287：121465.

[43] Xu W，Zhang Y，Cao H，et al. Metagenomic insights into the microbiota profiles and bioaugmentation mechanism of organics removal in coal gasification wastewater in an anaerobic/anoxic/oxic system by methanol [J]. Bioresour Technol，2018，264：106-115.

[44] Golet E M，Strehler A，Alder A C，et al. Determination of fluoroquinolone antibacterial agents in sewage sludge and sludge-treated soil using accelerated solvent extraction followed by solid-phase extraction [J]. Anal Chem，2002，74（21）：5455-5462.

[45] Woertz I，Feffer A，Lundquist T，et al. Algae grown on dairy and municipal wastewater for simultaneous nutrient removal and lipid production for biofuel feedstock [J]. J Environ Eng，2009，35（11）：1115-1122.

[46] Koh M Y，Ghazi T I M. A review of biodiesel production from *Jatropha curcas* L. oil [J]. Renewable Sustainable Energy Rev，2011，15（5）：2240-2251.

[47] Yazici G S，Varank G，Can-Güven E，et al. Application of the hybrid electrocoagulation-electrooxidation process for the degradation of contaminants in acidified biodiesel wastewater [J]. J Electroanal Chem，2022，926：116933.

[48] Tang W，Fang M，Wang H，et al. Mild hydrotreatment of low temperature coal tar distillate：Product composition [J]. Chem Eng J，2014，236：529-537.

[49] Niu M，Sun X，Gao R，et al. Effect of dephenolization on low-temperature coal tar hydrogenation to produce fuel oil [J]. Energ Fuel，2016，30（12）：10215-10221.

[50] Jiao T，Li C，Zhuang X，et al. The new liquid－liquid extraction method for separation of phenolic compounds from coal tar [J]. Chem Eng J，2015，266：148-155.

[51] Xu W，Zhang Y，Cao H，et al. Metagenomic insights into the microbiota profiles and bioaugmentation mechanism of organics removal in coal gasification wastewater in an anaerobic/anoxic/oxic system by methanol [J]. Bioresour Technol，2018，264：106-115.

[52] Ji Q，Tabassum S，Hena S，et al. A review on the coal gasification wastewater treatment technologies：Past，present and future outlook [J]. J Cleaner Prod，2016，126：38-55.

[53] Chen Y，Lv R，Li L，et al. Measurement and thermodynamic modeling of ternary（liquid＋liquid）equilibrium for extraction of *o*-cresol，*m*-cresol or *p*-cresol from aqueous solution with 2-pentanone [J]. J Chem Thermodyn，2017，104：230-238.

[54] Feng Y，Song H，Xiao M，et al. Development of phenols recovery process from coal gasification wastewater with mesityl oxide as a novel extractant [J]. J Cleaner Prod，2017，166：1314-1322.

[55] Luyben W L. Improved design of an extractive distillation system with an intermediate-boiling solvent [J]. Sep Purif Technol，2015，156：336-347.

[56] Sun X，Waters K E. Synergistic effect between bifunctional ionic liquids and a molecular extractant for lanthanide separation [J]. ACS Sustain Chem Eng，2014，2（12）：2758-2764.

[57] Liao M，Zhao Y，Ning P，et al. Optimal design of solvent blend and its application in coking wastewater treatment process [J]. Ind Eng Chem Res，2014，53（39）：15071-15079.

[58] Zhang L，Lv P，He Y，et al. Differential gene expression in neural stem cells and oligodendrocyte precursor cells：A cDNA microarray analysis [J]. J Cleaner Prod，2020，273：122863.

[59] Tian W，Li Z，Sui D，et al. Optimal design of a multi-dimensional validated synergistic extraction process for the treatment of atmosphere-vacuum distillation wastewater [J]. Sci Total Environ，2022，817：152986.

[60] Sulaiman R，Adeyemi I，Abraham S R，et al. Liquid-liquid extraction of chlorophenols from wastewater using hydrophobic ionic liquids [J]. J Mol Liq，2019，294：111680.

[61] Fang J, Shi C, Zhang L, et al. Kinetic characteristics of evaporative crystallization desalination of acidic high-salt wastewater [J]. Chem Eng Res Des, 2022, 187: 129-139.

[62] Dahmardeh H, Akhlaghi A H A, Nowee S M. Evaluation of mechanical vapor recompression crystallization process for treatment of high salinity wastewater [J]. Chem Eng and Process, 2019, 145: 107682.

[63] Emadzadeh D, Matsuura T, Ghanbari M, et al. Hybrid forward osmosis/ultrafiltration membrane bag for water purification [J]. Desalination, 2019, 468: 114071.

[64] Shi J, Huang W, Han H, et al. Review on treatment technology of salt wastewater in coal chemical industry of China [J]. Desalination, 2020, 493: 114640.

[65] Vatanpour V, Sanadgol A. Surface modification of reverse osmosis membranes by grafting of polyamidoamine dendrimer containing graphene oxide nanosheets for desalination improvement [J]. Desalination, 2020, 491: 114442.

[66] Liu Q, Xu G R, Das R. Inorganic scaling in reverse osmosis (RO) desalination: Mechanisms, monitoring, and inhibition strategies [J]. Desalination, 2019, 468: 114065.

[67] Saravanan A, Deivayanai V C, Senthil Kumar P, et al. A detailed review on advanced oxidation process in treatment of wastewater: Mechanism, challenges and future outlook [J]. Chemosphere, 2022, 308: 136524.

[68] Du J, Zhang B, Li J, et al. Decontamination of heavy metal complexes by advanced oxidation processes: A review [J]. Chinese Chem Lett, 2020, 31 (10): 2575-2582.

[69] Kakavandi B, Ahmadi M. Efficient treatment of saline recalcitrant petrochemical wastewater using heterogeneous UV-assisted sono-Fenton process [J]. Ultrason Sonochem, 2019, 56: 25-36.

[70] Chen T, Bi J, Ji Z, et al. Application of bipolar membrane electrodialysis for simultaneous recovery of high-value acid/alkali from saline wastewater: An in-depth review [J]. Water Res, 2022, 226: 119274.

[71] Yao J, Ran J, Srinivasakannan C, et al. Chloride recovery and simultaneous CO_2 mineralization from rare earths high salinity wastewater by the Reaction-extraction-crystallization process [J]. Chem Eng J, 2023, 455: 140620.

[72] Chai Y, Qin P, Wu Z, et al. A coupled system of flow-through electro-Fenton and electrosorption processes for the efficient treatment of high-salinity organic wastewater [J]. Sep Purif Technol, 2021, 267: 118683.

[73] Tian W D, Wang X, Fan C Y, et al. Optimal treatment of hypersaline industrial wastewater via bipolar membrane electrodialysis [J]. ACS Sustainable Chem Eng, 2019, 7 (14): 12358-12368.

[74] Cao Y, Bai Y, Du J. Air-steam gasification of biomass based on a multi-composition multi-step kinetic model: A clean strategy for hydrogen-enriched syngas production [J]. Sci Total Environ, 2021, 753: 141690.

[75] An R, Chen S X, Zhang R R, et al. Synthesis of propylene glycol methyl ether catalyzed by imidazole polymer catalyst: Performance evaluation, kinetics study, and process simulation [J]. Chem Eng J, 2021, 405: 126636.

[76] Hayat H, Mahmood Q, Pervez A, et al. Comparative decolorization of dyes in textile wastewater using biological and chemical treatment [J]. Sep Purif Technol, 2015, 154: 149-153.

[77] Rashidi H R, Sulaiman N M N, Hashim N A, et al. Simulated textile (batik) wastewater pre-treatment through application of a baffle separation tank [J]. Desalin Water Treat, 2016, 57 (1): 151-160.

[78] Yu Z, Chen Y, Feng D, et al. Process development, simulation, and industrial implementation of a new coal-gasification wastewater treatment installation for phenol and ammonia removal [J]. Ind Eng Chem Res, 2010, 49 (6): 2874-2881.

[79] Tian W, Wang X, Fan C, et al. Optimal treatment of hypersaline industrial wastewater via bipolar membrane electrodialysis [J]. ACS Sustainable Chem Eng, 2019, 7: 12358-12368.

[80] Tian W, Fan C, Cui Z, et al. Conceptual design of a treatment process for centrifugal mother liquor wastewater in the PVC industry [J]. Process Saf Environ Prot, 2020, 138: 208-219.

[81] Gai H, Song H, Xiao M, et al. Conceptual design of a modified phenol and ammonia recovery process for the treatment of coal gasification wastewater [J]. Chem Eng J, 2016, 304: 621-628.

[82] Khan S, Al-Obaidi M A, Kara-Zaïtri C, et al. Optimisation of design and operating parameters of reverse osmosis process for the removal of phenol from wastewater [J]. South Afri J Chem Eng, 2023, 43: 79-90.

[83] Dadban S Y, Masihpour M, Borghei P, et al. Removal of azo red-60 dye by advanced oxidation process O_3/UV from textile wastewaters using Box-Behnken design [J]. Inorg Chem Commun, 2022, 143: 109785.

[84] Cho S, Lim J, Cho H, et al. Novel process design of desalination wastewater recovery for CO_2 and SO_x utilization [J]. Chem Eng J, 2022, 433: 133602.

[85] Zhang X. Selective separation membranes for fractionating organics and salts for industrial wastewater treatment: Design strategies and process assessment [J]. J Membrane Sci, 2022, 643: 120052.

[86] Rom A, Miltner A, Wukovits W, et al. Energy saving potential of hybrid membrane and distillation process in butanol purification: Experiments, modelling and simulation [J]. Chem Eng Process: Process Intensific, 2016, 104: 201-211.

[87] Limb M A L, Suardíaz R, Grant I M, et al. Quantum mechanics/molecular mechanics simulations show saccharide distortion is required for reaction in hen egg-white lysozyme [J]. Chem, 2019, 25 (3): 764-768.

[88] Fedorov D G, Kitaura K. Pair interaction energy decomposition analysis for density functional theory and density-functional tight-binding with an evaluation of energy fluctuations in molecular dynamics [J]. J Phys Chem A, 2018, 122 (6): 1781-1795.

[89] Becke A D. A new mixing of Hartree-Fock and local density-functional theories [J]. J Chem Phys, 1993, 98 (2): 1372-1377.

[90] Lv B, Deng X, Jiao F, et al. Enrichment and utilization of residual carbon from coal gasification slag: A review [J]. Process Saf Environ., 2023, 171: 859-873.

[91] Zhang X, Zhang F, Song Z, et al. Review of chemical looping process for carbonaceous feedstock Conversion: Rational design of oxygen carriers [J]. Fuel, 2022, 325: 124964.

[92] Liu W, Zhang X, Zhao N, et al. Performance analysis of organic Rankine cycle power generation system for intercooled cycle gas turbine [J]. Adv Mech Eng, 2018, 10 (8): 1-12.

[93] Zhou H, Ma Y, Yang Q, et al. A new scheme for ammonia and fertilizer generation by coal direct chemical looping hydrogen process: Concept design, parameter optimization, and performance analysis [J]. J Cleaner Prod, 2022, 362: 132445.

[94] Liu Z, Yu M, Wang J, et al. Preparation and characterization of novel polyethylene/carbon nanotubes nanocomposites with core shell structure [J]. J Ind Eng Chem, 2014, 20 (4): 1804-1811.

[95] Chan Y H, Loh S K, Chin B L F, et al. Fractionation and extraction of bio-oil for production of greener fuel and value-added chemicals: Recent advances and future prospects [J]. Chem Eng J, 2020, 397: 125406.

[96] Yang Q, Liu Y, Huang W, et al. Synchronous complete COD reduction for persistent chemical-industrial organic wastewater using the integrated treatment system [J]. Chem Eng J, 2022, 430: 133136.

[97] Fang J, Xiong C, Feng M, et al. Utilization of carbon-based energy as raw material instead of fuel with low CO_2 emissions: Energy analyses and process integration of chemical looping ammonia generation [J]. Appl Energy, 2022, 312: 118809.

[98] Stoklosa R J, Hodge D B. Chapter 4-Integration of (hemi) -cellulosic biofuels technologies with chemical pulp production [J]. Amsterdam: Elsevier, 2014, 73-100.

[99] Yang Y, Zhang Q, Feng X. Comprehensive integration of mass and energy utilization for refinery and synthetic plant of chemicals [J]. Energy, 2023, 265: 126370.

[100] Lee M, Lee H, Seo C, et al. Enhanced energy efficiency and reduced CO_2 emissions by hybrid heat integration in dimethyl carbonate production systems [J]. Sep Purif Technol, 2022, 287: 120598.

[101] Jr E A C, Lopes A A, Amancio D R. Word sense disambiguation: A complex network approach [J]. Inf Sci, 2019, 442: 103-113.

[102] Cheng Z, Ding L, Ying Z, et al. Topological mapping and assessment of multiple settlement time series in deep excavation: A complex network perspective [J]. Adv Eng Inf, 2018, 36: 1-19.

[103] 董玉玺, 李乐宁, 田文德. 基于多层优化 PCC-SDG 方法的化工过程故障诊断 [J]. 化工学报, 2018, 69 (3): 1173-1181.

[104] Zheng H, Cheng G, Li Y, et al. A new fault diagnosis method for planetary gear based on image feature extraction and bag-of-words model [J]. Measurement, 2019, 145: 1-13.

[105] Yang Q, Wang X. Simulation of stock market investor behavior based on bayesian learning and complex network

[J]. J Intell Fuzzy Syst，2021，40（2），2481-2491.

[106] Zhang H，Tian X，Deng X，et al. Batch process fault detection and identification based on discriminant global preserving kernel slow feature analysis [J]. ISA T，2018，79：108-126.

[107] Jaramillo F，Orchard M，Muñoz C，et al. On-line estimation of the aerobic phase length for partial nitrification processes in SBR based on features extraction and SVM classification [J]. Chem Eng J，2018，331：114-123.

[108] Ming L，Zhao J. Feature selection for chemical process fault diagnosis by artificial immune systems [J]. Chin J Chem Eng，2018，26（8）：1599-1604.

[109] Wang Y，Cang S，Yu H. Mutual information inspired feature selection using kernel canonical correlation analysis [J]. Expert Syst Appl：X，2019，4：100014.

[110] Wei J，Zhang R，Yu Z，et al. A BPSO-SVM algorithm based on memory renewal and enhanced mutation mechanisms for feature selection [J]. Appl Soft Comput，2017，58：176-192.

[111] 邱锡鹏. 神经网络与深度学习 [M]. 北京：机械工业出版社，2020：98-100.

[112] Jiang Z Q，Zhou W X，Xu B. Process flow diagram of an ammonia plant as a complex network [J]. AIChE J，2010，53（2）：423-428.

[113] Craciun G，Feinberg M. Multiple equilibria in complex chemical reaction networks：Ⅱ. The species-reaction graph [J]. SIAM J Appl Math，2006，66（4）：1321-1338.

[114] Wang Y C，Wang Z，Jia X P. A study on the description of complex characteristics of typical chemical process network [J]. Comput Appl Chem，2015，32（6）：688-692.

[115] Sarkar P，Nandi S. A class of key-node indexed hash chains based key predistribution（KPS）：Signed weighted graphs [J]. Comput Networks，2019，164：106881.

[116] Gao Z，Zhang K，Dang W，et al. An adaptive optimal-kernel time-frequency representation-based complex network method for characterizing fatigued behavior using the SSVEP-based BCI system [J]. Knowl Based Syst，2018，152：163-171.

[117] 韩忠明，陈炎，李梦琪，等. 一种有效的基于三角结构的复杂网络节点影响力度量模型 [J]. 物理学报，2016，65（16）：168901.

[118] 苏臻，高超，李向华. 节点中心性对复杂网络传播模式的影响分析 [J]. 物理学报，2017，66（12）：120201.

[119] 王政，孙锦程，刘晓强，等. 基于复杂网络理论的大型换热网络节点重要性评价研究 [J]. 化工进展，2017，36（5）：1581-1588.

[120] 于会，刘尊，李勇军. 基于多属性决策的复杂网络节点重要性综合评价方法 [J]. 物理学报，2013，62（2）：020204.

[121] 胡庆成，尹龑燊，马鹏斐，等. 一种新的网络传播中最有影响力的节点发现方法 [J]. 物理学报，2013，62（14）：140101.

[122] Williams P S. Fractionating power and outlet stream polydispersity in asymmetrical flow field-flow fractionation. Part Ⅱ：Programmed operation [J]. Anal Bioanal Chem，2017，409（1）：317-334.

[123] Peng Y，Zhu J，Dang L，et al. Plantwide control structure design of a complex hydrogenation process with four recycle streams [J]. J Taiwan Inst Chem Eng，2019，97：24-46.

[124] Zhang R，Wu S，Gao F. Improved PI controller based on predictive functional control for liquid level regulation in a coke fractionation tower [J]. J Process Control，2014，24（3）：125-132.

[125] Jaime J A，Rodríguez G，Gil I D. Control of an optimal extractive distillation process with mixed-solvents as separating agent [J]. Ind Eng Chem Res，2018，57（29）：9615-9626.

[126] Yang A，Wei R，Sun S，et al. Energy-saving optimal design and effective control of heat integration-extractive dividing wall column for separating heterogeneous mixture methanol/toluene/water with multiazeotropes [J]. Ind Eng Chem Res，2018，57（23）：8036-8056.

[127] Ioli D，Falsone A，Papadopoulos A V，et al. A compositional modeling framework for the optimal energy management of a district network [J]. J Process Control，2019，74：160-176.

[128] Sotelo D，Favela-Contreras A，Sotelo C，et al. Design and implementation of a control structure for quality products in a crude oil atmospheric distillation column [J]. ISA Trans，2017，73：573-584.

[129] Berdouzi F，Villemur C，Olivier-Maget N，et al. Dynamic simulation for risk analysis：Application to an exother-mic reaction [J]. Process Saf Environ Prot，2018，113：149-163.

[130] Tian W，Du T，Mu S. HAZOP analysis-based dynamic simulation and its application in chemical processes [J]. A-sia-Pac J Chem Eng，2015，10（6）：923-935.

[131] Tian W，Li Z，Sui D，et al. Optimal design of a multi-dimensional validated synergistic extraction process for the treatment of atmosphere-vacuum distillation wastewater [J]. Sci Total Environ，2022，817：152986.

[132] Cui Z，Tian W，Qin H，et al. Optimal design and control of Eastman organic wastewater treatment process [J]. J Cleaner Prod，2018，198：333-350.

[133] Li Z. Tian W D. Wang X，et al. Optimal design of a high atom utilization and sustainable process for the treatment of crude phenol separation wastewater [J]. J Cleaner Prod，2021，319：128812.

[134] Ahmadian Behrooz H. Robust set-point optimization of inferential control system of crude oil distillation units [J]. ISA T，2019，95：93-109.

[135] Scabini L F S，Fistarol D O，Cantero S V. Angular descriptors of complex networks：A novel approach for bounda-ry shape analysis [J]. Expert Syst with Applications，2017，89：362-373.

[136] Śliwiński M. Safety integrity level verification for safety-related functions with security aspects [J]. Process Saf En-viron Prot，2018，118：79-92.

[137] Patel H D，Uppin R B，Naidu A R，et al. Efficacy and safety of combination of NSAIDs and muscle relaxants in the management of acute low back pain [J]. Pain and Therapy，2019，8：121-132.

[138] Ebrahimi F，Turunen I. Safety analysis of intensified processes [J]. Chem Eng Process：Process Intensif，2012，52（52）：28-33.

[139] Moore D A. Security risk assessment methodology for the petroleum and petrochemical industries [J]. J Loss Prev Process Ind，2013，26（6）：1685-1689.

[140] Kirkwood D，Tibbs B. Developments in SIL determination [J]. Comput Control Eng J，2005，16（3）：21-27.

[141] Shaikh A R，Ashraf M，Almayef T，et al. Amino acid ionic liquids as potential candidates for CO_2 capture：Com-bined density functional theory and molecular dynamics simulations [J]. Chem Phys Lett，2020，745：137239.

[142] Meng F，Bellaiche M M J，Kim J Y，et al. Highly disordered amyloid-β monomer probed by single-molecule FRET and MD simulation [J]. Biophys J，2018，114（4）：870-884.

[143] Roos K，Wu C，Damm W，et al. OPLS3e：Extending force field coverage for drug-like small molecules [J]. J Chem Theory Comput，2019，15：1863-1874.

[144] Shi S，Yan L，Yang Y，et al. An extensible and systematic force field，ESFF，for molecular modeling of organic，inorganic，and organometallic systems [J]. J Comput Chem，2003，24（9）：1059-1076.

[145] Wang Q D，Wang J B，Li J Q，et al. Reactive molecular dynamics simulation and chemical kinetic modeling of py-rolysis and combustion of n-dodecane [J]. Combust Flame，2011，158（2）：217-226.

[146] Liu L C，Bai C，Sun H，et al. Mechanism and kinetics for the initial steps of pyrolysis and combustion of 1，6-dicy-clopropane-2，4-hexyne from ReaxFF reactive dynamics [J]. J Phys Chem A，2011，115（19）：4941-4950.

[147] Salmon E，van Duin A C T，Lorant F，et al. Early maturation processes in coal. Part 2：Reactive dynamics simula-tions using the ReaxFF reactive force field on morwell brown coal structures [J]. Org Geochem，2009，40（12）：1195-1209.

[148] Moradi M，Azizpour H，Mohammarehnezhad-Rabieh M. Determination of diffusion coefficient of C_2H_6 and CO_2 in hydrocarbon solvents by molecular dynamics simulation [J]. J Mol Liq，2023，370：121015.

[149] Xu J，Yuan Y，Feng Z，et al. Molecular dynamics simulation of adsorption and diffusion of partially hydrolyzed polyacrylamide on kaolinite surface [J]. J Mol Liq，2022，367：120377.

[150] Pirsalami S，Bagherpour S，Ebrahim Bahrololoom M，et al. Adsorption efficiency of glycyrrhiza glabra root toward heavy metal ions：Experimental and molecular dynamics simulation study on removing copper ions from wastewater [J]. Sep Purif Technol，2021，275：119215.

[151] Rahimi H，Schepers J G，Shen W Z，et al. Evaluation of different methods for determining the angle of attack on wind turbine blades with CFD results under axial inflow conditions [J]. Renew Energ，2018，125：866-876.

[152] Zare S, Kargari A. CFD simulation and optimization of an energy-efficient direct contact membrane distillation (DC-MD) desalination system [J]. Chem Eng Res Des, 2022, 188: 655-667.

[153] Yan Z, Li X, Zhu X, et al. MD-CFD simulation on the miscible displacement process of hydrocarbon gas flooding under deep reservoir conditions [J]. Energy, 2023, 263: 125730.

[154] Pedro S O J, Victor B A J, Neuenschwander Escosteguy Carneiro J, et al. Coupling a neural network technique with CFD simulations for predicting 2-D atmospheric dispersion analyzing wind and composition effects [J]. J Loss Prev Process Ind, 2022, 80: 104930.

[155] Leitner M, Aigner R, Dobberke D. Local fatigue strength assessment of induction hardened components based on numerical manufacturing process simulation [J]. Procedia Eng, 2018, 213: 644-650.

[156] Kong F, Swift J, Zhang Q, et al. Biogas to H_2 conversion with CO_2 capture using chemical looping technology: Process simulation and comparison to conventional reforming processes [J]. Fuel, 2020, 279: 118479.

[157] Onarheim K, Solantausta Y, Lehto J. Process simulation development of fast pyrolysis of wood using Aspen Plus [J]. Energ Fuel, 2015, 29 (1): 205-217.

[158] Hu Y, Wanga J, Tanb C K, et al. Coupling detailed radiation model with process simulation in Aspen Plus: A case study on fluidized bed combustor [J]. Appl Energy, 2017, 227: 168-179.

[159] Patra T K, Mukherjee S, Sheth P N. Process simulation of hydrogen rich gas production from producer gas using HTS catalysis [J]. Energy, 2019, 173: 1130-1140.

[160] Yang Z, Qian K, Zhang X, et al. Process design and economics for the conversion of lignocellulosic biomass into jet fuel range cycloalkanes [J]. Energy, 2018, 154: 289-297.

[161] Zhang D, Yang M, Feng X, Aromatics production from methanol and pentane: Conceptual process design, comparative energy and techno-economic analysis [J]. Comput Chem Eng, 2019, 126: 178-188.

[162] Zhu L, He Y, Li L. Tech-economic assessment of second-generation CCS: Chemical looping combustion [J]. Energy, 2018, 144: 915-927.

第2章

煤化学链气化过程的分子动力学模拟研究及实验验证

煤化学链气化（CCLG）是将化学链技术与煤气化过程融合的新型气化技术，将载氧体和水蒸气直接作为供氧体，同时取代了昂贵的空分设备，大大提高了生产效率[1]。其中载氧体在空气反应器中的再生过程为放热反应，产生的热量由载氧体负载进入燃料反应器（FR）并被其他单元所利用，能量利用效率大幅提升[2]。CCLG因其节能、产气的多重优势已被普遍应用于多样性燃料中，包括固、液、气等，甚至在不同煤阶的多种固体燃料中已有应用[3]。CCLG作为碳捕集革新性技术之一，有必要深入研究其机理。CCLG过程含有多个氧化和还原反应，反应速率快且反应机理复杂，难以通过气化实验直接得到各反应演变过程及气体产物的生成机理[4]。随着计算机模拟技术的持续性突破，分子动力学（MD）计算能力的优势也愈发明显，在化学工程、材料科学、应用化学等领域有着辽阔的发展前景[5]。因此，若将分子尺度同实验测试相结合，能有助于全面地分析CCLG整个过程的复杂反应机理，可以为实际CCLG中试装置的良性运转提供强有力的数据支撑。

2.1 研究思路

本章以CCLG为研究对象，采取MD模拟与实验测试相结合的研究方法，旨在实现CCLG全过程的机理探索，以获得过程最优参数。首先，建立所有进料的分子模型并单独进行各模型的能量和几何优化。然后，以不同质量比例将所建立模型混合为多个体系，并逐步对每一个体系开展弛豫工作来确保各个系统的稳定性。最后，对不同系统分别进行ReaxFF反应力场分子动力学（ReaxFF-MD）模拟以获得微观可深入分析的结果，并通过CCLG实验测试，包括实验装置的搭建和载氧体的制备，来进一步验证分子模拟结果的准确性。

具体的研究思路如图2-1所示。

① 以煤的元素分析、水分子的分子式和CuO的空间构型为依据，建立了三种原料的基础分子构型，并依次优化以上三种分子模型的几何和能量结构。紧接着将不同煤炭/载氧体（C/O）质量比（1∶0.5、1∶1、1∶1.5、1∶2、1∶3、1∶4、1∶5）的分子构型嵌入7个不同的3D盒子当中。为了保证总体系的稳定，对7个盒子各进行200 ps的温度和压力弛豫。基于上述的优化，在温度为850 ℃下，分别开展了7个体系100 ps的ReaxFF-MD模

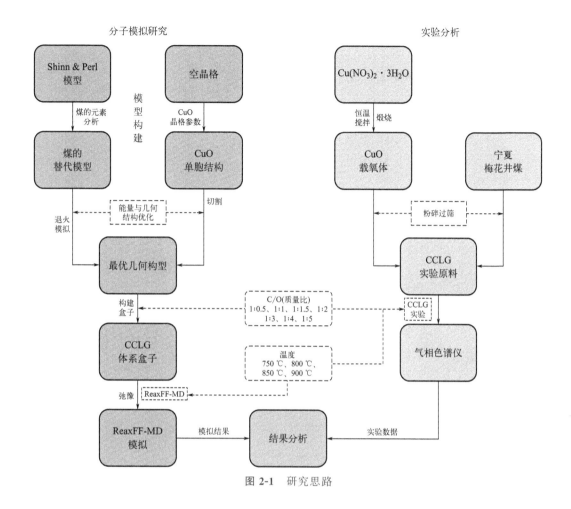

图 2-1　研究思路

拟。分析碎片数量随时间的变化趋势，可以获得各气化产物的生成情况。最后，以 C/O（质量比）为 1∶1 的体系为分析对象，在不同的温度（750 ℃、800 ℃、900 ℃）下开展 ReaxFF-MD 模拟，并对各产物的碎片数量进行分析。

② 选取宁夏梅花井煤作为实验原料，并在实验前对其充分干燥。然后将梅花井煤机械粉碎，并通过标准筛筛分出均质颗粒，装袋备用。将一定量的 $Cu(NO_3)_2 \cdot 3H_2O$ 倾入去离子水中溶解，然后在烧杯中加热搅拌，烘箱干燥，马弗炉煅烧，压碎过筛，可以获得均质载氧体 CuO 颗粒。与 MD 模拟条件一致，CCLG 实验首先固定 C/O 为 1∶1，将固定床的温度依次设置为 750 ℃、800 ℃、850 ℃、900 ℃ 来分析不同温度对气化反应的影响。然后固定反应温度为 850 ℃，将 C/O 分别调节为 1∶0.5、1∶1.5、1∶2、1∶3、1∶4 和 1∶5 分析不同 C/O 对 CCLG 反应的影响。最后通过气相色谱仪分析以上讨论的气体产物的组成分布。

2.2　以氧化铜为载氧体的煤化学链气化微观过程研究

本节主要对 CCLG 过程进行微观参数优化，研究方案如图 2-2 所示，涉及模型的建立、模型的能量和结构优化、3D 体系的建立与弛豫和 ReaxFF-MD 模拟等步骤。

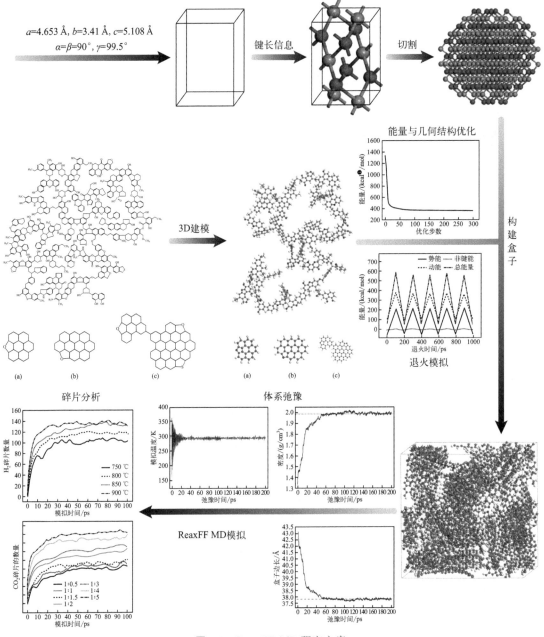

$a=4.653$ Å, $b=3.41$ Å, $c=5.108$ Å
$\alpha=\beta=90°$, $\gamma=99.5°$

键长信息

切割

能量与几何结构优化

3D建模

构建盒子

退火模拟

碎片分析

体系弛豫

ReaxFF MD模拟

图 2-2 ReaxFF-MD 研究方案

2.2.1 模型构建

MD 模拟结果的准确性是由所建立模型与实际原料的匹配程度所决定的。因此为了保证煤模型尽可能地与实验所需的梅花井煤相吻合,特协同沥青煤 Shinn 模型（$C_{673}H_{620}N_{11}O_{74}S_6$）[6] 和 Perl 模型中的片段[7] 替代梅花井煤模型。沥青煤 Shinn 模型再加上 Perl 模型能提供基本

---

❶ 1 kcal=4.1868 kJ。

的五种元素和框架结构，并能自由组合为不同官能团的结构，实现梅花井煤组成一致的元素比例。图 2-3 与图 2-4 分别为沥青煤 Shinn 模型和所选 Perl 模型的分子结构图，皆体现了 C、H、O、N、S 五种元素。

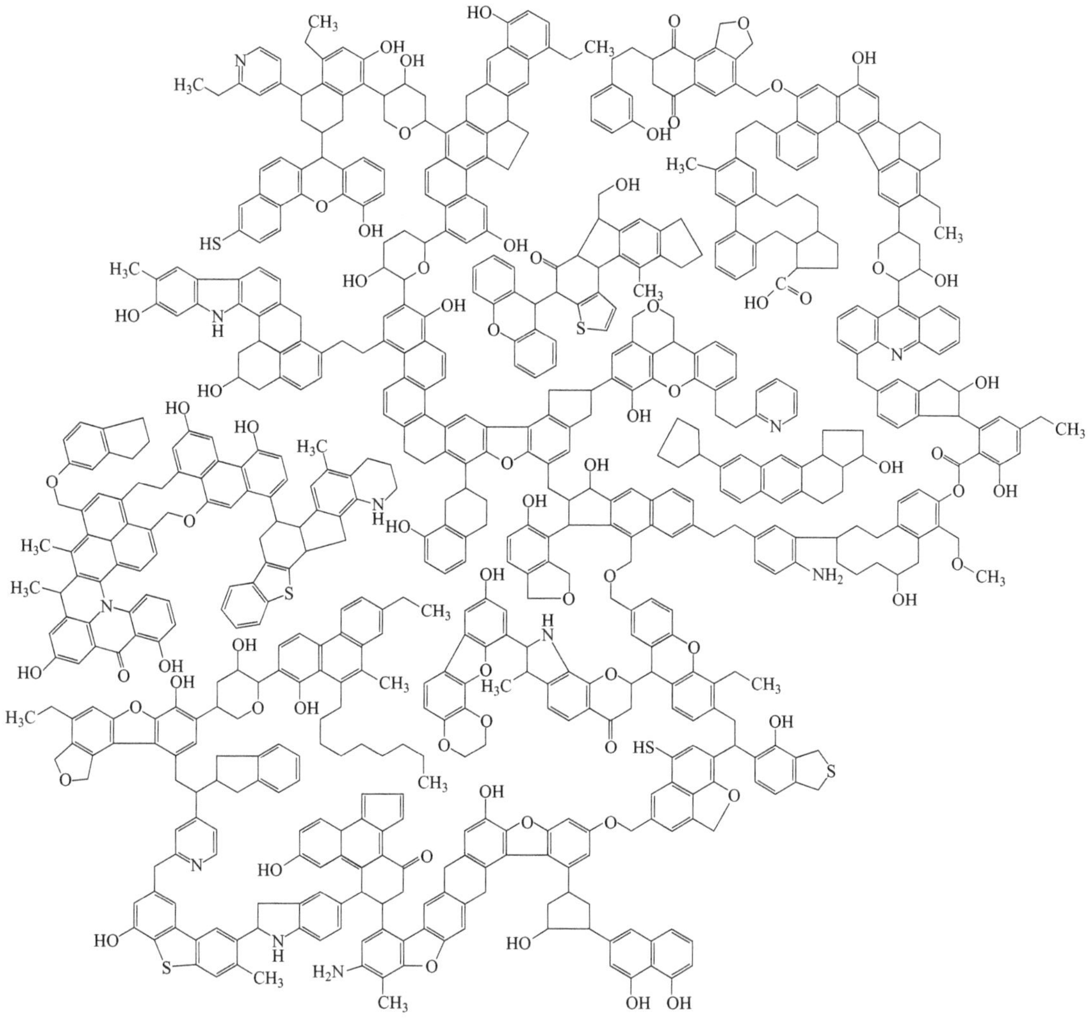

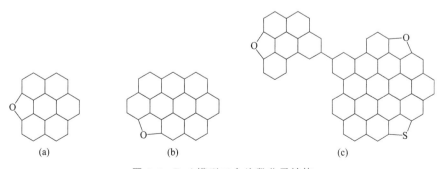

图 2-3 Shinn 模型沥青煤结构单元

图 2-4 Perl 模型三个片段分子结构

(a) $C_{22}H_{10}O$；(b) $C_{30}H_{12}O$；(c) $C_{66}H_{22}O_2S$

确定好结构后，依据分子结构、各侧链的二面角角度、原子间的键长等关键信息，将沥青煤 Shinn 结构和 3 个 Perl 结构的 3D 模型分别构建出来，如图 2-5 和图 2-6 所示，使全部模型符合一定的物理定律。进而根据梅花井煤 C、H、O、N、S 的质量比调整沥青煤 Shinn 模型和沥青煤 Shinn 结构的数量和比例。最后，所需结构的数量及各结构的质量比如表 2-1 所示。

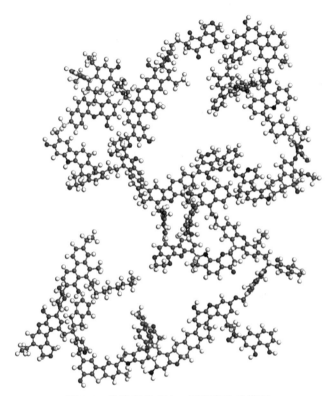

图 2-5　构建完的 Shinn 沥青煤分子模型

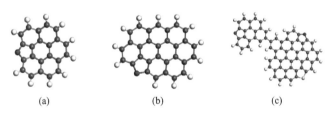

图 2-6　Perl 模型三个片段分子模型

(a) $C_{22}H_{10}O$；(b) $C_{30}H_{12}O$；(c) $C_{66}H_{22}O_2S$

载氧体 CuO 晶胞模型的构建至关重要。与常规分子不同，CuO 结构比较特殊，属于 C/2C 空间群的单斜晶体。角度和长度为 CuO 晶格的代表参数，如 $\alpha = \beta = 90°$，$\gamma = 99.5°$，$a = 4.653$ Å，$b = 3.41$ Å，$c = 5.108$ Å[8]。CuO 单胞的具体构建步骤如下：参考晶格参数建立空晶格；依托键长信息在空晶格中填充 Cu 原子和 O 原子；形成 CuO 单胞。图 2-7 和图 2-8 分别是 CuO 最小单位的正视图和俯视图。

表 2-1 梅花井煤替代模型中各子模型的数量和元素质量组成

模型	数目	元素质量分数/%				
		C	H	N	S	O
$C_{673}H_{620}N_{11}O_{74}S_6$	3.00	78.64	6.47	1.50	1.87	11.53
$C_{22}H_{10}O$	7.00	79.04	16.17	0.00	0.00	4.79
$C_{30}H_{12}O$	3.00	83.33	12.96	0.00	0.00	3.70
$C_{66}H_{22}O_2S$	2.00	85.90	7.16	0.00	3.47	3.47
总和	15.00	80.57	5.76	1.30	1.79	10.56

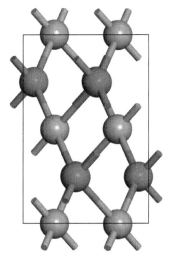

图 2-7 CuO 单胞的主视图（Cu 为浅色，O 为深色）

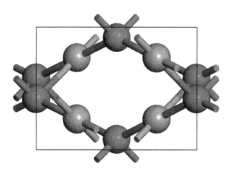

图 2-8 CuO 单胞的俯视图

考虑到实际的 CuO 包含大量的单胞，所以将 CuO 周期性晶体（分子式为 $Cu_{130}O_{130}$）切割成非周期性的球状结构以贴近真实的 CuO 状态，如图 2-9 所示。

水蒸气作为气化反应中的重要气化剂，能直接与煤或载氧体反应产生目标产物[9]。因此，构建了水分子的 3D 结构，如图 2-10 所示。

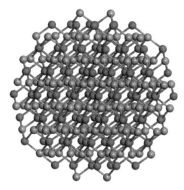

图 2-9 CuO 的 3D 分子结构

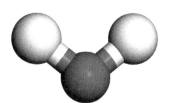

图 2-10 水分子的 3D 结构

2.2.2 能量和几何优化

模型初始结构不稳定，因此需要对所有结构进行能量与几何优化。首先以 Perl 模型 $C_{22}H_{10}O$、$C_{30}H_{12}O$、$C_{66}H_{22}O_2S$ 为例进行能量优化。优化算法选择集成了最陡下降法、ABNR 法和拟牛顿法的 SMART 方法。具体优化参数为：能量的收敛偏差为 0.00002 kcal/mol，力为 0.001 kcal/(mol·Å)，位移为 0.00001 Å，最大迭代次数为 5000 次，静电相互作用采用累加法，范德华力相互作用基于原子。$C_{22}H_{10}O$、$C_{30}H_{12}O$、$C_{66}H_{22}O_2S$ 结构能量优化过程中势能的变化曲线分别如图 2-11~图 2-13 所示。可以看出，$C_{22}H_{10}O$ 的势能经过 118

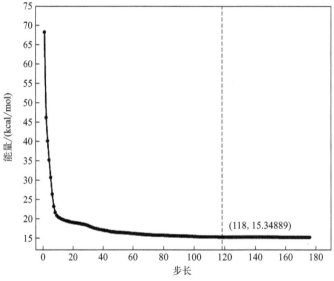

图 2-11　能量优化过程中 $C_{22}H_{10}O$ 的势能

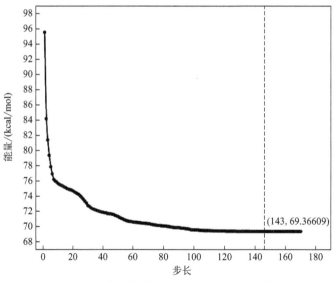

图 2-12　能量优化过程中 $C_{30}H_{12}O$ 的势能

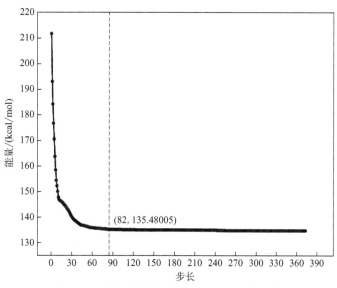

图 2-13 能量优化过程中 $C_{66}H_{22}O_2S$ 的势能

次优化收敛为 15.3 kcal/mol，$C_{30}H_{12}O$ 的势能经过 143 次优化收敛为 69.37 kcal/mol，$C_{66}H_{22}O_2S$ 的势能经过 82 次优化收敛为 135 kcal/mol。表 2-2 列出了所有结构几何优化前后的能量值。其中，$C_{20}H_{10}O$ 结构能量的最初值为 463.03 kcal/mol，最终值为 127.19 kcal/mol，结构的能量下降了 335.84 kcal/mol；$C_{30}H_{12}O$ 结构能量的最初值为 602.10 kcal/mol，最终值为 157.70 kcal/mol，结构的能量下降了 444.40 kcal/mol；$C_{66}H_{22}O_2S$ 结构能量的最初值为 1339.93 kcal/mol，最终值为 363.25 kcal/mol，结构的能量下降了 976.68 kcal/mol。优化后的结构相对于最初结构的能量明显降低，因此证明了三个结构的稳定性都有所提高。

表 2-2 能量和几何结构优化前后的所有模型的能量

模型	总能量/(kcal/mol)	电价能/(kcal/mol)	非键能/(kcal/mol)
$C_{673}H_{620}N_{11}O_{74}S_6$（初）	2.12367×10^3	1.25116×10^3	0.87251×10^3
$C_{673}H_{620}N_{11}O_{74}S_6$（终）	2.08374×10^3	1.22071×10^3	0.86303×10^3
$C_{22}H_{10}O$（初）	0.46303×10^3	0.45659×10^3	0.00644×10^3
$C_{22}H_{10}O$（终）	0.12719×10^3	0.07301×10^3	0.05419×10^3
$C_{30}H_{12}O$（初）	0.60210×10^3	0.59325×10^3	0.0884×10^3
$C_{30}H_{12}O$（终）	0.15770×10^3	0.07988×10^3	0.07781×10^3
$C_{66}H_{22}O_2S$（初）	1.33993×10^3	1.30801×10^3	0.03192×10^3
$C_{66}H_{22}O_2S$（终）	0.36325×10^3	0.19143×10^3	0.17181×10^3
$Cu_{130}O_{130}$（初）	13.45628×10^3	13.47940×10^3	-0.02312×10^3
$Cu_{130}O_{130}$（终）	9.34334×10^3	9.03613×10^3	0.30721×10^3
H_2O（初）	0.01650×10^3	0.01650×10^3	0
H_2O（终）	0.000000061×10^3	0.000000061×10^3	0

然而对于沥青煤 Shinn 这种大分子结构，优化后存在潜在的多个具有能量极小值的构型和一个能量最小值的构型，因此仅仅通过以上能量与几何构型优化确认找到的构型是否为最小值分子构型是不够的。所以，有必要采用退火模拟方法寻找全局最小能量结构。

2.2.3　MD 退火模拟

MD 退火模拟是将模型从较低的温度在一定的时间内升高到相对高的温度，然后再缓慢回归到初始低温的过程[10]。MD 退火模拟不改变所有原子间的键长，而仅改变所有原子的空间位置[11]。所以每次的退火模拟相当于进行了一次能量与几何结构优化，并且能不断打破上一次的平衡，避免了分子结构一直处在能量极小值附近，从而有效保证了分子结构是处在能量最小值的状态[12]。经过多次 MD 退火模拟后最终得到了最小能量值的分子结构。

MD 退火具体模拟参数总结如下：温度从 300 K 升高到 1000 K 再降低到 300 K，每个周期温度调控的次数为 2000，循环次数为 5，循环步数为 200000 步，总模拟时间共 1000 ps，为 1000000 步。图 2-14 和图 2-15 分别表示了 5 次退火过程温度和能量随时间的变化情况（以 Perl 模型中 $C_{66}H_{22}O_2S$ 为例）。5 次循环往复的模拟皆是将温度从 300 K 逐渐上升到 1000 K 再降回 300 K。结果可以看出四种能量包括势能、热力学能、非键能和总能量的变化趋势与温度的变化趋势一致，最终得到了五个不同结构的 $C_{66}H_{22}O_2S$。各能量结果如表 2-3 所示。同理，表 2-4～表 2-6 总结了三种分子结构（沥青煤 Shinn 模型、$C_{22}H_{10}O$、$C_{30}H_{12}O$）的退火模拟结果。

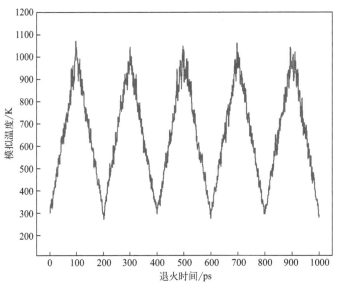

图 2-14　$C_{66}H_{22}O_2S$ 分子在退火过程中温度的变化

所有分子的能量和结构经退火模拟深度优化完毕之后，将煤的替代模型和非周期性的 $Cu_{130}O_{130}$ 晶体分别以不同 C/O（1∶0.5、1∶1、1∶1.5、1∶2、1∶3、1∶4、1∶5）填充到 7 个盒子中，并各自添加一定量水分子构成密度为 1.315 g/cm^3 的体系。C/O 为 1∶1 时的盒子如图 2-16 所示。

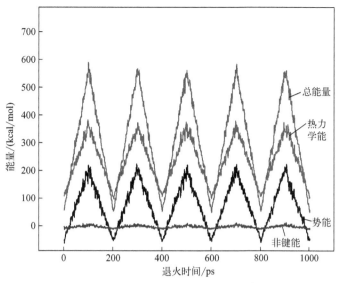

图 2-15　$C_{66}H_{22}O_2S$ 分子在退火模拟过程中各能量的变化

表 2-3　5 个 $C_{66}H_{22}O_2S$ 模型退火模拟能量结果

分子序号	总势能/ (kcal/mol)	总热力学能/ (kcal/mol)	键能/ (kcal/mol)	非键能/ (kcal/mol)
1	3.6325×10^2	0.7959×10^2	0.5745×10^2	1.7182×10^2
2	3.6316×10^2	0.9637×10^2	0.5639×10^2	1.7163×10^2
3	3.6323×10^2	0.9038×10^2	0.5643×10^2	1.7146×10^2
4	3.6325×10^2	0.9257×10^2	0.5761×10^2	1.7171×10^2
5	3.6318×10^2	0.8892×10^2	0.5672×10^2	1.7180×10^2

表 2-4　5 个沥青煤 Shinn 模型退火模拟能量结果

分子序号	总势能/ (kcal/mol)	总热力学能/ (kcal/mol)	键能/ (kcal/mol)	非键能/ (kcal/mol)
1	2.05832×10^3	0.95952×10^3	0.25871×10^3	0.85202×10^3
2	1.72712×10^3	1.00154×10^3	0.24805×10^3	0.53912×10^3
3	1.72631×10^3	0.96767×10^3	0.24729×10^3	0.53935×10^3
4	1.71029×10^3	1.00931×10^3	0.24560×10^3	0.54918×10^3
5	1.67718×10^3	1.00260×10^3	0.24014×10^3	0.50849×10^3

表 2-5　5 个 $C_{22}H_{10}O$ 模型退火模拟能量结果

分子序号	总势能/ (kcal/mol)	总热力学能/ (kcal/mol)	键能/ (kcal/mol)	非键能/ (kcal/mol)
1	1.271972×10^2	0.277215×10^2	0.182079×10^2	0.541886×10^2
2	1.271971×10^2	0.369819×10^2	0.180783×10^2	0.542194×10^2
3	1.271966×10^2	0.355568×10^2	0.180912×10^2	0.542151×10^2

分子序号	总势能/ (kcal/mol)	总热力学能/ (kcal/mol)	键能/ (kcal/mol)	非键能/ (kcal/mol)
4	1.271966×10^2	0.296415×10^2	0.180832×10^2	0.541995×10^2
5	1.271972×10^2	0.303939×10^2	0.181231×10^2	0.541993×10^2

表 2-6　5 个 $C_{30}H_{12}O$ 模型退火模拟能量结果

分子序号	总势能/ (kcal/mol)	总热力学能/ (kcal/mol)	键能/ (kcal/mol)	非键能/ (kcal/mol)
1	1.576961×10^2	0.366639×10^2	0.228257×10^2	0.778105×10^2
2	1.576958×10^2	0.410111×10^2	0.228542×10^2	0.777417×10^2
3	1.576977×10^2	0.436678×10^2	0.228018×10^2	0.777268×10^2
4	1.576973×10^2	0.378863×10^2	0.227932×10^2	0.777779×10^2
5	1.576963×10^2	0.398572×10^2	0.228426×10^2	0.777499×10^2

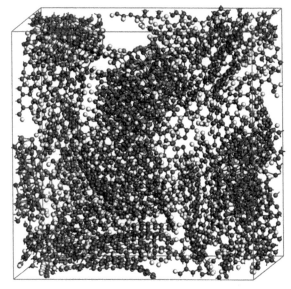

图 2-16　C/O 为 1∶1 时的盒子

2.2.4　温度与压力弛豫

为了保证各盒子中体系的稳定性和结果的准确性，有必要在进行 ReaxFF-MD 模拟之前对盒子进行等温等压系综（NPT）弛豫[13]。以 C/O 为 1∶1 时的盒子为例，采用 200 ps 和 0.1 MPa 的 NPT 模拟，运行温度为 0 ℃，时间步长为 1.0 fs，控压方法为 Berendsen。图 2-17 展现了 NPT 模拟过程中盒子密度随时间的变化曲线，随着时间的增加，盒子密度增加然后趋近于 1.97 g/cm³。图 2-18 展现了 NPT 模拟过程中盒子边长随时间的变化曲线，可以看出与密度的变化趋势正好相反。

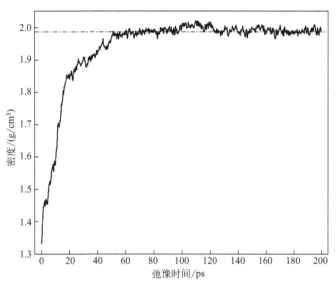

图 2-17　NPT 弛豫过程中 C/O 为 1∶1 盒子密度的变化

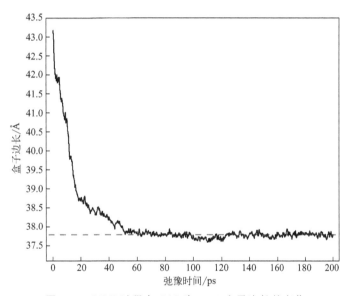

图 2-18　NPT 过程中 C/O 为 1∶1 盒子边长的变化

2.2.5　ReaxFF-MD 模拟

ReaxFF-MD 模拟是在正则系综（NVT）下进行的[14]。首先探究了不同气化温度对反应产物的影响。图 2-19 展现了模拟温度随时间的变化趋势，温度由剧烈波动慢慢变缓直至最后收敛，这说明在温度稳定之前的整个过程中分子大都在实时运动。在气化温度分别为 750 ℃、800 ℃、850 ℃和 900 ℃下，总模拟步数为 400000，温度控制为 Berendsen 方法，步长时间为 0.25 fs，模拟的总时间为 100 ps，对 C/O 为 1∶1 的盒子进行 ReaxFF-MD 模拟，以获得各气体产物碎片数量分布结果。随后探究了不同 C/O 与反应产物的影响关系。模拟所设置参数与上述一致，固定温度为 850 ℃，针对不同 C/O（1∶0.5、1∶1、1∶1.5、

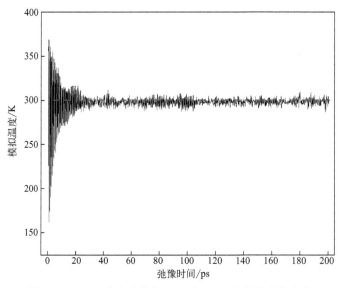

图 2-19　NPT 弛豫过程中 C/O 为 1∶1 盒子温度的变化

1∶2、1∶3、1∶4、1∶5）的盒子进行 ReaxFF-MD 模拟以获得碎片数量分布。

在 ReaxFF-MD 模拟完成后，重点观测截止系数为 0.3 时 H_2 和 CO_2 碎片数量随模拟时间增长而产生的变化。

2.3　以氧化铜为载氧体的煤化学链气化过程实验

2.3.1　实验材料及设备

在得到 ReaxFF-MD 模拟结果的基础上，通过相同条件下的 CCLG 实验的补充与验证，将更准确地获得最佳反应参数。选取宁夏梅花井煤作为实验原料，实验前将原料在 120 ℃下干燥 2 h。干燥后的梅花井煤被 LD-Y500A 粉碎机机械粉碎，再通过 98～220 μm 标准筛筛分出粒径为 120～160 目的煤颗粒装袋备用。表 2-7 为梅花井煤的工业分析和元素分析，其中 "ad" 表示空气干燥基。煤工业分析的四个指标分别为灰分（A）、挥发分（V）、水分（M）和固定碳（FC），其中 A、V、M 直接通过实验测得，而 FC 含量是用差减法计算得来，具体数值见表 2-7。根据 FC 的含量可以进行煤种的分类，用以判断煤的煤化程度。FC 值越高，V 越低，说明煤的发热量以及煤化程度越高。元素分析则是测定梅花井煤的氢、碳、氮、氧和硫五大元素的含量[15]。各元素占全部元素的质量分数为各元素含量。煤的特性可以通过工业分析和元素分析结合来准确表述[16]。表 2-8 为 CCLG 实验中用到的主要实验设备名称、型号和规格。

表 2-7　工业和元素分析（梅花井煤）　　　　　　　　单位:%

工业分析				元素分析				
M_{ad}	A_{ad}	V_{ad}	FC_{ad}	C_{ad}	H_{ad}	N_{ad}	S_{ad}	O_{ad}^{a}
11.18	4.56	31.95	52.31	80.57	5.76	1.30	1.79	10.56

表 2-8　主要实验设备、型号和规格

名称	规格/型号
粉碎机	SUS304
分样筛	$98\sim220~\mu m$
集热式恒温电磁搅拌	DF-101S
箱式电阻炉	SX2-12-12
石英管反应器	$50~mm\times800~mm$
气相色谱仪	Clarus 500

2.3.2　载氧体制备

鉴于 CuO 具有良好的传热及供氧性能，本实验中选择其为载氧体[17]。CuO 的具体制备方法如下：

将固定量的 $Cu(NO_3)_2 \cdot 3H_2O$ 在去离子水中溶解，并用集热式恒温电磁搅拌在 90 ℃下加热搅拌 2 h。然后在 120 ℃的烘箱中干燥 12 h，将其移入马弗炉并在 950 ℃下煅烧 4 h。煅烧结束后，将样品压碎并用 $98\sim220~\mu m$ 标准筛过筛，获得 CuO 的均质颗粒（粒径在 $60\sim100$ 目之间）。

2.3.3　实验流程

实验装置主要由管式炉反应器、自动温度控制系统、除尘和冷凝系统、蒸汽发生系统、气体分配系统、气体收集和分析系统六个部分组成，如图 2-20 所示。在自动温度控制系统中发挥作用的是一个带有多个热电偶的温度控制器。管式炉反应器主要通过电阻炉加热提供反应所需的热量。一个装有 200 mL 去离子水的气密储罐和两根输气管组成了除尘和冷凝系

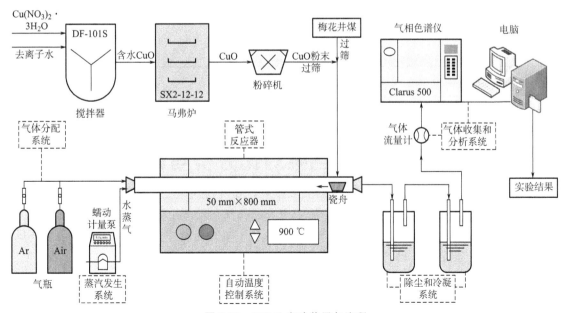

图 2-20　CCLG 实验装置与流程

统，其中的一根输气管始端和末段分别通向管式炉反应器和去离子水中；另外一根输气管始端位于储罐中上部并远离水面，最终是通向气体分析系统。整个除尘和冷凝系统的作用是收集未反应的煤粉和气体中的灰分，并且降温产品，防止对气体采样袋或人的损伤。蒸汽发生系统由蒸汽发生器和蠕动计量泵构成，蠕动计量泵用来控制水蒸气流量。气体收集和分析系统是由气相色谱仪和气体流量计组成，通过统计色谱中产生峰的峰值来计算气体产物的组成。

检查装置气密性是实验前减少实验误差的最好方式。对于还原阶段的每次实验操作，首先是将载氧体和煤颗粒按一定比例混合放入瓷舟中并放置在石英管的冷温区。然后采用高纯氩气进行气体速率为 200 mL/min 和吹扫时间为 15 min 的吹扫工作。当反应温度达到设置值时，开启水蒸气发生装置，通入水量由计量泵精确控制。最后在系统基本稳定的状态下将石英舟快速地推入中间的加热区，并设定 90 min 的气化反应时间以充分反应。出口气体依次通过一系列步骤如冷却、净化和干燥后，将其用采样袋收集，时间间隔为 5 min。气化反应一结束马上将蒸汽发生装置关闭并将空气压缩机的氩气切换为空气以备载氧体氧化。氧化阶段实验以 400 mL/min 气体速率的空气来作为氧化剂，氧化时间为 20 min。利用气相色谱分析所收集气体的组成。实验条件如表 2-9 所示。实验煤用量为 5 g（误差范围 ±5%），反应温度分别设定为 750 ℃、800 ℃、850 ℃、900 ℃，C/O 分别为 1∶0.5、1∶1、1∶1.5、1∶2、1∶3、1∶4 和 1∶5，开展多次实验。

表 2-9　实验条件

阶段	参数	设定数值
还原	C/O	1∶0.5～1∶5
	温度	750～900 ℃
	反应时间	90 min
	水蒸气	0.1 g/min
	氩气	200 mL/min
氧化	温度	900 ℃
	反应时间	20 min

实验结果与 ReaxFF-MD 模拟结果将在 2.4 节对比讨论。

2.4　MD 模拟与实验结果对比分析与讨论

CCLG 过程是包含气、液、固三相的复杂体系，对载氧体的反应活性和各反应进行的程度有显著影响的是气化温度[18]。在反应体系中，碳的气化反应主要为吸热反应，温度的升高有助于吸热反应的进行而对放热反应产生抑制，但 CCLG 过程中反应进行的程度及方向除受温度影响外还会受载氧体的影响[19]。图 2-21 为 C/O 为 1∶1，温度分别为 750 ℃、800 ℃、850 ℃和 900 ℃时的 ReaxFF-MD 模拟结果。从图中可以看出，在反应初期，H_2 分子碎片的数量在稳固上升，这是因为焦炭中的 C—H 键的断裂，随着时间的延长，H_2 分子碎片数量逐渐增大到稳定值。图 2-22 展现了与 ReaxFF-MD 模拟相同条件下的实验结果。对比图

2-21 可以看出，图 2-22 中随着反应温度的升高，产生的 H_2 量增加，与 ReaxFF-MD 模拟趋势一致。然而，ReaxFF-MD 模拟结果显示 H_2 的碎片数量增长速率比实验结果呈现的要快得多，这大概率是因为 ReaxFF-MD 模拟中原料间都为默认的完全接触，所以整个系统反应完成所需的时间缩短。由图 2-22 可得，随着时间的推移，850 ℃下的 H_2 产量超过 900 ℃时的 H_2 产量，这可能是 CuO 在高温下容易烧结导致的。

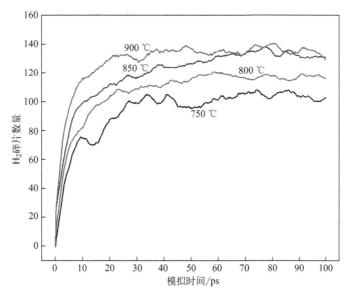

图 2-21　在温度为 750 ℃、800 ℃、850 ℃和 900 ℃，C/O 为 1∶1 的 ReaxFF-MD 模拟中，H_2 碎片数量随时间的变化情况

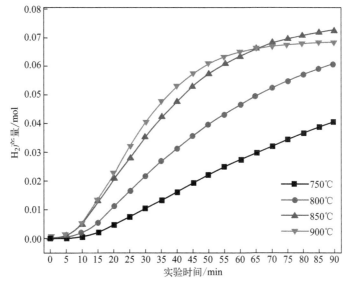

图 2-22　在温度为 750 ℃、800 ℃、850 ℃和 900 ℃，C/O 为 1∶1 的 对比实验中，H_2 产量随时间的变化情况

图 2-23 揭示了以梅花井煤为原料、水蒸气为气化剂、CuO 为载氧体时的碳转化效率在 850 ℃ 和 900 ℃ 时基本相同，进一步确定了气化温度 850 ℃ 为此 CCLG 过程的最佳反应温度。

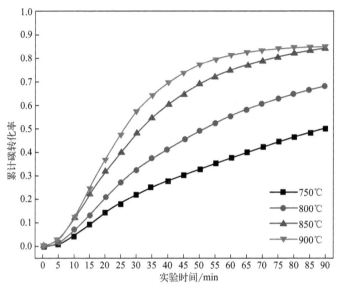

图 2-23　在温度为 750 ℃、800 ℃、850 ℃ 和 900 ℃，C/O 为 1∶1 对比实验中，
累计碳转化率随时间的变化情况

CCLG 过程的目的是得到高纯度的合成气，抑制 CO_2 的产生，所以图 2-24 为不同 C/O（1∶0.5、1∶1、1∶1.5、1∶2、1∶3、1∶4、1∶5）对 CO_2 碎片数量的影响。可以看出，当 C/O 小于 1∶1.5 时，CO_2 碎片数量变化趋势大致类似；当 C/O 大于 1∶1.5 时，CO_2 碎片数量整体呈上升趋势。尤其当 C/O 为 1∶1.5 时，CO_2 碎片在 100 ps 时的数量最少，有利于气化反应生成更多的 CO。因此，初步证明 1∶1.5 为 CCLG 过程中最佳 C/O。图 2-25

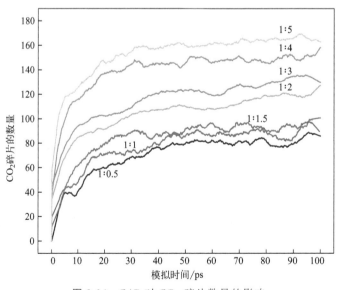

图 2-24　C/O 对 CO_2 碎片数量的影响

显示了不同 C/O 下 CO_2 产量随时间的变化趋势与图 2-24 中 ReaxFF-MD 模拟结果变化趋势是完全一致的, 进一步证明了 1:1.5 为 CCLG 过程中最佳 C/O。

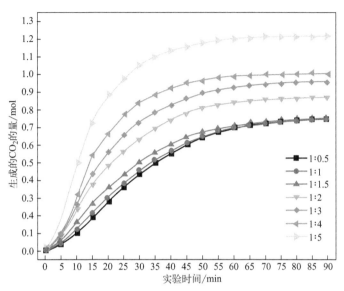

图 2-25 在 C/O 分别为 1:0.5、1:1、1:1.5、1:2、1:3、1:4 和 1:5,
温度为 850 ℃ 的对比实验中, CO_2 生成量随时间变化的情况

通过比较 ReaxFF-MD 模拟和实验测试结果, 得到了以 CuO 为载氧体、水蒸气为气化剂、梅花井煤为原料时的最佳气化温度和最佳 C/O 分别为 850 ℃ 和 1:1.5, 为实际 CCLG 中试装置高纯度合成气的生产提供参考。

本章小结

本章通过 MD 模拟方法对 CCLG 过程进行全面的机理分析, MD 模拟主要包括模型的建立、模型的能量和结构优化、3D 体系的建立与弛豫和 ReaxFF-MD 模拟。主要结论如下: Perl 模型 $C_{22}H_{10}O$、$C_{30}H_{12}O$ 和 $C_{66}H_{22}O_2S$ 结构的最低势能分别为 127.19 kcal/mol、157.70 kcal/mol 和 363.25 kcal/mol。通过 NPT 退火模拟获得 C/O 为 1:1 时 3D 盒子的密度为 1.98 g/cm³。通过 ReaxFF-MD 模拟结果分析了气化温度对 H_2 气体碎片数量的影响, 初步证明 850 ℃ 为 CCLG 过程的最佳反应温度, 该温度有助于产生更多的合成气。模拟了不同 C/O 对 CO_2 碎片数量的影响, 初步证明 1:1.5 为 CCLG 过程中最佳焦炭与载氧体质量比。在管式炉反应器中对梅花井煤进行 CCLG 实验, 考察了主要反应条件如气化温度、C/O 对 CCLG 过程的影响, 研究了气化温度分别为 750 ℃、800 ℃、850 ℃、900 ℃ 对 CCLG 过程的影响, 讨论了 C/O 分别为 1:0、1:0.5、1:1、1:1.5、1:2、1:3、1:4、1:5 对 CCLG 过程的影响, 并与 ReaxFF-MD 模拟结果对比, 进一步证明了以 CuO 为载氧体、水蒸气为气化剂、梅花井煤为原料时的最佳气化温度和最佳 C/O 分别为 850 ℃ 和 1:1.5。

参考文献

［1］ Dansie J K，Sahir A H，Hamilton M A，et al. An investigation of steam production in chemical-looping combustion (CLC) and chemical-looping with oxygen uncoupling (CLOU) for solid fuels ［J］. Chemical Engineering Research and Design，2015，94：12-17.

［2］ Wang X，Xu T，Jin X，et al. CuO supported on olivine as an oxygen carrier in chemical looping processes with pine sawdust used as fuel ［J］. Chemical Engineering Journal，2017，330：480-490.

［3］ Qi B，Xia Z，Huang G Y，et al. Study of chemical looping co-gasification (CLCG) of coal and rice husk with an iron-based oxygen carrier via solid-solid reactions ［J］. Journal of the Energy Institute，2019，92 (2)：382-390.

［4］ 刘永卓，郭庆杰. 化学链基础理论及其在节能减排中的应用 ［J］. 工程研究——跨学科视野中的工程，2015，7 (4)：404-412.

［5］ Meng F，Bellaiche M M J，Kim J Y，et al. Highly disordered amyloid-β monomer probed by single-molecule FRET and MD simulation ［J］. Biophysical Journal，2018，114 (4)：870-884.

［6］ John H Shinn. From coal to single-stage and two-stage products：A reactive model of coal structure ［J］. Fuel，1984，63 (9)：1187-1196.

［7］ Fidel C，Amar M K，Michael F R，et al. Combustion of an Illinois No. 6 coal char simulated using an atomistic char representation and the ReaxFF reactive force field ［J］. Combustion and Flame，2012，159 (3)：1272-1285.

［8］ Zhao H，Gui J，Cao J，et al. Molecular dynamics simulation of the microscopic sintering process of CuO nanograins inside an oxygen carrier particle ［J］. Journal of Physical Chemistry C，2018，122 (44)：25595-25605.

［9］ Guo Q，Yang M，Liu Y，et al. Multicycle investigation of a sol-gel-derived Fe_2O_3/ATP oxygen carrier for coal chemical looping combustion ［J］. AIChE Journal，2015，62 (4)：996-1006.

［10］ Macchiagodena M，Pagliai M，Andreini C，et al. Upgrading and validation of the AMBER force field for histidine and cysteine zinc (Ⅱ)-binding residues in sites with four protein ligands ［J］. Journal of Chemical Information and Modeling，2019，59 (9)：3803-3816.

［11］ Shi S，Yan L，Yang Y，et al. An extensible and systematic force field，ESFF，for molecular modeling of organic，inorganic，and organometallic systems ［J］. Journal of Computational Chemistry，2003，24 (9)：1059-1076.

［12］ Zhang T，Di X，Chen G，et al. Parameterization of a COMPASS force field for single layer blue phosphorene ［J］. Nature Nanotechnology，2020，31 (14)：145702.

［13］ Manzano H，Zhang W，Raju M，et al. Benchmark of ReaxFF force field for subcritical and supercritical water ［J］. Journal of Chemical Physics，2018，148 (23)：234503.

［14］ Lu K，Huo C F，Guo W P，et al. Development of a reactive force field for the Fe-C interaction to investigate the carburization of iron ［J］. Physical Chemistry Chemical Physics，2018，20 (2)：775-783.

［15］ Wang P，Means N，Howard B H，et al. The reactivity of CuO oxygen carrier and coal in chemical-looping with oxygen uncoupled (CLOU) and in-situ gasification chemical-looping combustion (iG-CLC) ［J］. Fuel，2018，217：642-649.

［16］ Wang S，Wang G，Jiang F，et al. Chemical looping combustion of coke oven gas by using Fe_2O_3/CuO with $MgAl_2O_4$ as oxygen carrier ［J］. Energy & Environmental Science，2010，3 (9)：1353-1360.

［17］ Chen Y，Müller C R. Lattice boltzmann simulation of gas-solid heat transfer in random assemblies of spheres：The effect of solids volume fraction on the average Nusselt number for $Re \leqslant 100$ ［J］. Chemical Engineering Journal，2019，361：1392-1399.

［18］ Adams Ⅱ T A，Barton P I. Combining coal gasification and natural gas reforming for efficient polygeneration ［J］. Fuel Processing Technology，2011，92 (3)：639-655.

［19］ Ge H，Guo W，Shen L，et al. Biomass gasification using chemical looping in a 25 kW_{th} reactor with natural hematite as oxygen carrier ［J］. Chemical Engineering Journal，2016，286：174-183.

第**3**章

煤化学链气化过程流体力学参数优化

化学链技术与气化过程的结合为煤气化提供了一条很有前景的途径，其根本目的是在没有空分装置的情况下获得高质量合成气[1]。CCLG 系统主要由 FR 和空气反应器（AR）组成，其中在两个单元之间循环利用再生的载氧体实现了晶格氧和热量的内传递[2]。与气体或液体燃料相比，固体燃料如煤的气化过程涉及复杂的物理和化学机理[3]。因此，从介观角度准确预测反应器的传质与传热过程对 CFD 模拟而言是一个挑战。基于 CFD 的 CCLG 载氧体传递过程的机理分析将有助于指导高纯度合成气的生成。

3.1 研究思路

本章以拟流体假设作为依据[4]，集成了四个物理场，即传质、传热、流体流动和化学反应，涉及煤气化以及载氧体与气体之间的非均相反应。图 3-1 为 CCLG 化学反应过程的模拟策略和系统建模。鉴于 FR 是产生高纯度合成气的核心，研究思路首先根据实际 CCLG 装置确定 FR 的设备尺寸、载氧体模拟参数、水蒸气的模拟参数及其他操作参数。然后对 FR 进行 CFD 建模，主要建立其中的动量方程、能量方程、质量方程以及反应动力学模型。然后对 FR 中的反应机理包括反应动力学模型的建立以及气化反应的定义进行研究。最后模拟了不同载氧体 CuO 和 Fe_2O_3 在 FR 中的性能、CuO 和 Fe_2O_3 在 FR 中的最佳停留时间以及不同 FR 操作参数对气体产物的影响。

3.2 化学链气化装置设计参数

图 3-2 为 CCLG 装置的设计，包括 FR 的设备尺寸以及 FR 和 AR 的几何形状，其中 FR 的内径和长度分别为 50 mm 和 600 mm。CFD 模拟参数参考实际中试装置，其中煤颗粒和载氧体的平均直径皆为 0.1 mm，水蒸气的密度和动力学黏度分别为 0.6 kg/m^3 和 1.21×10^{-7} Pa·s。表 3-1 全面提供了 CFD 模拟所需的操作参数和物理性质。

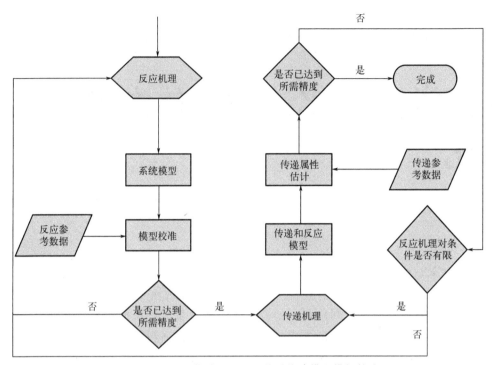

图 3-1 CCLG 化学反应过程的系统建模和模拟策略

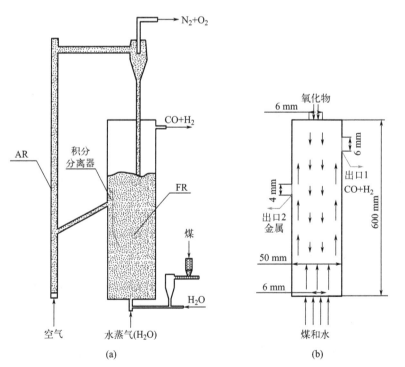

图 3-2 CCLG 装置图（a）和 FR 的设计尺寸（b）

表 3-1　CFD 模拟的操作参数和物理性质

操作参数	模拟数值
流化床直径	5 cm
反应器高度	60 cm
煤颗粒直径	0.01 cm
蒸汽密度	600 g/m^3
蒸汽动力学黏度	1.21×10^{-7} Pa·s
蒸汽初始速度	0.2 m/s
载氧体平均直径	0.01 cm
载氧体初始速度	0.1 m/s
加热炉保持温度	927℃

3.3　模型的建立

在本节应用欧拉方法对 FR 内的多相流进行描述[5]，只考虑一个气相（水蒸气）和两个固相（煤与载氧体），求解了 FR 动量、质量、能量以及反应动力学方程，详细的模型建立过程如下。

3.3.1　连续性方程

首先通过式(3-1)求解各相的连续性方程，其中 α_q 和 m_{pq} 表示的是 q 相的体积分数和从 p 相到 q 相的传质速率[6]。ρ_q 的计算过程如式(3-2)所示，表示各项的密度，其中 R_{qd} 和 T_q 为理想气体常数和 q 相的温度。M_q 的计算过程如式(3-3)所示，为 q 相的摩尔质量，其中 x_i 是组分 i 的质量分数。

$$\frac{\partial}{\partial t}(\alpha_q \rho_q) + \nabla \cdot (\alpha_q \rho_q \boldsymbol{v}_q) = \sum_{p=1}^{n}(m_{pq} - m_{qp}) \tag{3-1}$$

$$\rho_q = \frac{pM_q}{R_{qd}T_q} \tag{3-2}$$

$$M_q = \frac{1}{\sum_i \frac{x_i}{M_i}} \tag{3-3}$$

固相密度 ρ_s 的计算过程如式(3-4)所示，其中 x_j 为固体组分 j 的质量分数，ρ_j 为纯固体的密度。

$$\rho_s = x_j \rho_j \tag{3-4}$$

3.3.2　动量方程

各组分的动量计算方程如式(3-5)所示，其中 j 和 i 代表不同的组分，Y_{iq} 表示 i 组分在 q 相的质量分数[7]。

$$\frac{\partial}{\partial t}(\alpha_q \rho_q Y_{iq}) + \nabla \cdot (\alpha_q \rho_q \boldsymbol{v}_q Y_{iq}) = \sum_{p=1}^{n}\sum_{j=1}^{m}(m_{ij}^{qp} - m_{ji}^{pq}) \tag{3-5}$$

气相动量守恒方程经式(3-5)推导后得到式(3-6)。g、τ_g 和 m_{sg} 分别表示重力加速度、应力张量和由质量传递所引发的相间动量交换。式(3-6)的阻力项为式(3-7)，其中的 β_{sg} 为不同相之间的动量交换系数。

$$\frac{\partial}{\partial t}(\alpha_g \rho_g \boldsymbol{v}_g) + \nabla \cdot (\alpha_g \rho_g \boldsymbol{v}_g \boldsymbol{v}_g) = -\alpha_g \nabla p + \nabla \cdot \tau_g + \alpha_g \rho_g \boldsymbol{g} + \sum_{s=1}^{n}(\boldsymbol{R}_{sg} + m_{sg}\boldsymbol{v}_{sg} - m_{gs}\boldsymbol{v}_{gs})$$

(3-6)

$$\boldsymbol{R}_{sg} = \beta_{sg}(\boldsymbol{v}_s - \boldsymbol{v}_g) \tag{3-7}$$

式(3-8)为流体应力张量的计算方程，其中的气体黏度表示为 μ_g，$\overline{I}$ 为固体的冲量。

$$\overline{\tau}_g = \alpha_g \mu_g (\nabla \boldsymbol{v}_g + \nabla \boldsymbol{v}_g^{\mathrm{T}}) + \alpha_g \lambda_g (\nabla \cdot \boldsymbol{v}_g)\overline{I} \tag{3-8}$$

式(3-9)为固相的动量守恒方程。

$$\frac{\partial}{\partial t}(\alpha_s \rho_s \boldsymbol{v}_s) + \nabla \cdot (\alpha_s \rho_s \boldsymbol{v}_s \boldsymbol{v}_s) = -\alpha_s \nabla p + \nabla \cdot \overline{\tau}_s + \alpha_s \rho_s \boldsymbol{g} + \sum_{r=1}^{n}(\boldsymbol{R}_{rs} + \widetilde{m}_{rs}\boldsymbol{v}_{rs} - \widetilde{m}_{sr}\boldsymbol{v}_{sr})$$

(3-9)

由方程式(3-9)推导式(3-10)得到固相颗粒的应力张量，其中 p_s 和 μ_s 分别为固体压力和黏度。

$$\overline{\tau}_s = -p_s \overline{I} + \mu_s \alpha_s (\nabla \boldsymbol{v}_s + \nabla \boldsymbol{v}_s^{\mathrm{T}}) + \alpha_s \lambda_s (\nabla \cdot \boldsymbol{v}_s)\overline{I} \tag{3-10}$$

固体-流体间的动量交换系数与流体-固体间的动量交换系数是相反的，即 $\beta_{sg} = -\beta_{gs}$。本 CFD 模拟假设所有粒子在流体中处在一种不稳定的混乱状态，采用从稠密气体的动力学理论逐步发展的 Gidaspow 阻力模型。此模型阻力系数的计算方程如式(3-11)式(3-12)所示。

$$\beta_{sg} = \begin{cases} 150\dfrac{\alpha_s(1-\alpha_g)\mu_g}{\alpha_g d_s^2} + 1.75\dfrac{\rho_g \alpha_s |\boldsymbol{v}_s - \boldsymbol{v}_g|}{d_s}, & \alpha_g \leqslant 0.8 \\[3mm] \dfrac{3}{4}C_d \dfrac{\alpha_s \alpha_g \rho_g |\boldsymbol{v}_s - \boldsymbol{v}_g|}{d_s}\alpha_g^{-2.65}, & \alpha_g > 0.8 \end{cases} \tag{3-11}$$

$$C_d = \frac{24}{\alpha_g Re}\left[1 + 0.15(\alpha_g Re)^{0.687}\right] \tag{3-12}$$

式(3-13)为颗粒温度的传递方程，其中等号右边的第一项和第二项分别代表固体应力张量产生的能量和具有扩散系数的能量扩散。

$$\frac{3}{2}\left[\frac{\partial}{\partial t} \cdot (1-\alpha_f)\rho_s \theta_s + \nabla \cdot (1-\alpha_f)\rho_s \theta_s \boldsymbol{v}_s\right] = (-p_s \boldsymbol{I} + \boldsymbol{T}_s):\nabla \boldsymbol{v}_s + \nabla \cdot (\Gamma_{\theta s}\nabla \theta_s) - \gamma_{\theta_s} + \phi_{1_s}$$

(3-13)

本 CFD 模拟也采用了颗粒温度的代数表达式。假设颗粒的能量为局部耗散，忽略了扩散和对流项后代数表达式的简化方程如式(3-14)~式(3-17)所示，其中 d_p 和 e_{ss} 分别为颗粒直径和粒子碰撞的恢复系数，数值分别为 $154\,\mu_m$ 和 0.6。

$$\theta_s = \left[\frac{-K_1(1-\alpha_f)\mathrm{tr}(\overline{D}_s) + \sqrt{K_1^2 \mathrm{tr}^2(\overline{D}_s)(1-\alpha_f)^2 + 4K_4(1-\alpha_f)[K_2 \mathrm{tr}^2(\overline{D}_s) + 2K_3 \mathrm{tr}(\overline{D}_s^2)]}}{2(1-\alpha_f)K_4}\right]^2$$

(3-14)

$$\overline{D}_s = \frac{1}{2}(\nabla \boldsymbol{v}_s + (\nabla \boldsymbol{v}_s)^{\mathrm{T}}) \tag{3-15}$$

$$K_1 = 2(1 + e_{ss})\rho_s g_0 \tag{3-16}$$

$$K_2 = \frac{4d_p\rho_s(1 + e_{ss})(1 - \alpha_f)g_0}{3\sqrt{\pi}} - \frac{2}{3}K_3 \tag{3-17}$$

上述方程中的 g_0 代表的是径向分布函数，如式(3-18) 所示。g_0 的物理意义是作为修正因子修正固体颗粒相致密时颗粒间碰撞概率。

$$g_0 = \left[1 - \left(\frac{1 - \alpha_f}{\alpha_{s,\max}}\right)^{\frac{1}{3}}\right]^{-1} \tag{3-18}$$

考虑到 0.53 为固相 α_s 的最大体积分数，因此 K_3 和 K_4 的计算方程分别如式(3-19) 和式(3-20) 所示。

$$K_3 = \frac{d_p\rho_s}{2}\left[\frac{\sqrt{\pi}}{3(3 - e_{ss})}[1 + 0.4(1 + e_{ss})(3e_{ss} - 1)(1 - \alpha_f)g_0] + \frac{8g_0(1 - \alpha_f)(1 + e_{ss})}{5\sqrt{\pi}}\right]$$
$$\tag{3-19}$$

$$K_4 = \frac{12(1 - e_{ss}^2)\rho_s g_0}{d_p\sqrt{\pi}} \tag{3-20}$$

式(3-21) 为固体压力的计算方程。

$$p_s = (1 - \alpha_f)\rho_s\theta_s + 2\rho_s(1 + e_{ss})(1 - \alpha_f)^2 g_0\theta_s \tag{3-21}$$

颗粒对膨胀和压缩的阻力由固体体积黏度 λ_s 表示，如式(3-22) 所示。

$$\lambda_s = \frac{4}{3}(1 - \alpha_f)\rho_s d_s g_0(1 + e_{ss})\left(\frac{\theta_s}{\pi}\right)^{1/2} \tag{3-22}$$

粒子由碰撞、运动和摩擦产生的动量交换由固体剪切黏度 μ_s 表示，如式(3-23) 所示。

$$\mu_s = \mu_{s,col} + \mu_{s,kin} + \mu_{s,fri} \tag{3-23}$$

其中碰撞部分的计算方程为式(3-24)。

$$\mu_{s,col} = \frac{4}{5}(1 - \alpha_f)\rho_s d_s g_0(1 + e_{ss})\left(\frac{\theta_s}{\pi}\right)^{1/2}(1 - \alpha_f) \tag{3-24}$$

运动黏度的计算方程为式(3-25)。

$$\mu_{s,kin} = \frac{(1 - \alpha_f)d_s\rho_s\sqrt{\theta_s\pi}}{6(3 - e_{ss})}\left[1 + \frac{2}{5}(1 + e_{ss})(3e_{ss} - 1)(1 - \alpha_f)g_0\right] \tag{3-25}$$

3.3.3 能量方程

在除动量守恒方程和连续性方程外，还需求解所有相的焓传递方程。式(3-26) 为第 i 相的焓传递方程，其中 k_i 和 S_i 分别表示热导率和反应焓及热辐射的源项[8]。

$$\frac{\partial}{\partial t}(\alpha_i\rho_i h_i) + \nabla \cdot (\alpha_i\rho_i \boldsymbol{v}_i h_i) = \alpha_i\frac{\partial p_i}{\partial t} + \overline{\tau}_i : \nabla \cdot \boldsymbol{v}_i - \nabla \cdot (k_i \cdot \nabla T_i) + S_i + Q_{ji} \tag{3-26}$$

式(3-27) 表达的是相之间的能量转移假定是界面面积和温度的函数。

$$Q_{ji} = -Q_{ij} = h_{ji}A_i(T_j - T_i) \tag{3-27}$$

式(3-28) 为气相与固相传热系数的计算方程。

$$h_{sf} = \frac{k_f Nu_s}{d_s} \tag{3-28}$$

式(3-29) 为使用 Ranz-Marshall 模型计算努塞尔数（Nu_s）的方程[9]。

$$Nu_s = 2.0 + 0.6Re_s^{1/2}Pr^{1/3} \tag{3-29}$$

式（3-30）和式（3-31）分别为固相雷诺数和普朗特数的计算方程，其中 $c_{p,f}$ 代表的是气相的比热容。

$$Re_s = \frac{\rho_f d_s |\boldsymbol{v}_s - \boldsymbol{v}_f|}{\mu_f} \tag{3-30}$$

$$Pr = \frac{c_{p,f}\mu_f}{k_f} \tag{3-31}$$

两相间的界面面积由对称模型计算而得，如式（3-32）所示[10]。

$$A_i = \frac{6\alpha_f(1-\alpha_f)}{d_s} \tag{3-32}$$

采用辐射模型 P-1 计算辐射能量传递，主要是通过将散射系数设为零来计算两个阶段的吸收系数。式（3-33）为第一阶段的吸收系数计算方程，其中 $\alpha_{a,p}$ 和 $\alpha_{a,g}$ 分别为粒子云吸收系数和气体吸收系数。

$$\alpha_a = \alpha_{a,g} + \alpha_{a,p} \tag{3-33}$$

式（3-34）为粒子云吸收系数计算方程，其中 α_{p1} 代表颗粒表面积。

$$\alpha_{a,p} = 0.85\frac{\alpha_{p1}}{4} \tag{3-34}$$

式（3-35）为气体吸收系数计算方程，其中 ε_g 和 l_m 分别为气体发射率和平均束流长度。

$$\alpha_{a,g} = -\frac{\ln(1-\varepsilon_g)}{l_m} \tag{3-35}$$

式（3-36）为气体发射率计算方程。

$$\varepsilon_g = \alpha_+(1-e^{K^+ p_i l_m}) \tag{3-36}$$

3.3.4 化学反应动力学模型

由于载氧体的停留时间、流量等不确定性参数难以确定 FR 涉及的化学反应的产物组成。因此，在本研究中开展了 FR 反应过程的动力学建模，包括气化反应、载氧体还原反应和水蒸气重整反应。

首先研究煤颗粒气化反应，反应方程式如式（3-37）所示。

$$C + H_2O \longrightarrow CO + H_2 \tag{3-37}$$

式（3-38）和式（3-39）为煤颗粒气化速率的动力学模型，其中 ε_0 和 S_0 分别为初始的孔隙度和表面积[11]。

$$m_{char} = \rho_s \varepsilon_s \frac{S_0}{1-\varepsilon_0} r_i (1-X)^{2/3} \tag{3-38}$$

$$r_i = \frac{k_i K_i P_i}{1 + K_i P_i + K_j P_j} \tag{3-39}$$

反应方程式（3-40）为水蒸气重整反应。

$$CO + H_2O \rightleftharpoons CO_2 + H_2 \tag{3-40}$$

整合反应方程式（3-37）和反应方程式（3-40）可以得到反应方程式（3-41）。

$$C + 1.25H_2O \longrightarrow 0.75CO + 0.25CO_2 + 1.25H_2 \tag{3-41}$$

式(3-42)为总反应速率方程，由阿伦尼乌斯（Arrhenius）公式(3-43)和式(3-44)计算动力学常数。X_{C,H_2O}、p_{H_2O} 和 p_{H_2} 分别代表煤颗粒的转化率、水蒸气的分压和 H_2 的分压。

$$r_{C,H_2O} = \frac{dX_{C,H_2O}}{dt} = \frac{k_{H_2O}p_{H_2O}}{1 + K_{H_2O}P_{H_2O} + K_{H_2}P_{H_2}}(1 - X_{C,H_2O}) \tag{3-42}$$

$$k_i = k_{0,i}e^{\frac{-E_{A,i}}{RT}} \tag{3-43}$$

$$K_i = K_{0,i}e^{\frac{-\Delta H_i}{RT}} \tag{3-44}$$

以载氧体 Fe_2O_3 为例，Fe_2O_3 还原反应的反应方程式如式(3-45)和式(3-46)所示。Fe_2O_3 转化率由非均相反应的收缩核心模型（SCM）计算而得，如式(3-47)所示[12]。

$$CO + 3Fe_2O_3 \longrightarrow CO_2 + 2Fe_3O_4 \tag{3-45}$$

$$H_2 + 3Fe_2O_3 \longrightarrow H_2O + 2Fe_3O_4 \tag{3-46}$$

$$X = \frac{m_{Ox} - m}{m_{Ox} - m_{Red}} \tag{3-47}$$

式(3-48)由式(3-47)的微分方程推导而得，其中 Fe_2O_3 的携氧能力由 $R_O = (m_{Ox} - m_{Red})/m_{Ox}$ 表示。

$$\frac{dX}{dt} = \frac{1}{m_{Ox} - m_{Red}} \times \frac{dm}{dt} = \frac{1}{R_O m_{Ox}} \times \frac{dm}{dt} \tag{3-48}$$

式(3-49)和式(3-50)分别代表 H_2 和 CO 的反应速率，其中 i 为 CO 或 H_2，$k_{0,CO} = 6.2 \times 10^{-4} s^{-1}$，$k_{0,H_2} = 2.3 \times 10^{-3} s^{-1}$，$b_{H_2} = b_{CO} = 3$，$E_{CO} = 20$ kJ/mol，$E_{H_2} = 24$ kJ/mol。

$$m_i = \frac{k_i R_O}{2MW_{O_2}}\rho_s\varepsilon_s\left(Y_{Fe_2O_3} + Y_{Fe_3O_4} \times \frac{3MW_{Fe_2O_3}}{2MW_{Fe_3O_4}}\right)(1 - X)^{2/3}MW_i \tag{3-49}$$

$$k_i = \frac{3b_i k_{0,i}e^{-E_i/RT}(c_i - c_{i,eq})}{\rho_m r_o} \tag{3-50}$$

3.4 参数优化

依托上述建立的 FR 多相流模型，通过对 FR 的深度 CFD 模拟获得以下结果。

3.4.1 载氧体的选择

由于避免了空气与煤颗粒的直接接触，载氧体循环不仅有效克服了空气对合成气纯度的稀释，而且还消除了潜在 NO_x 的生成[13]。CCLG 工艺中应用较为广泛的载氧体是 CuO 和 Fe_2O_3[14]。本小节通过比较 CuO 和 Fe_2O_3 的性能以选择出较好的载氧体。图 3-3 为 AR 分别生成的 CuO 和 Fe_2O_3 粒子的质量分布。可以看出 95% 的 CuO 和 Fe_2O_3 粒子总体分布较为均匀且都含有质量分数为 5% 的 Cu 和 Fe。

首先初步对比 CuO 和 Fe_2O_3 的传热性能。固体颗粒的物理性质如密度（ρ）、热导率（k）和恒压热容（C_p）决定了固体的传热速率，其中三者之间的关系如式(3-51)和式(3-52)所示[15]。通过流体流动物理场与固体传热耦合以实现 CuO 和 Fe_2O_3 传热性能的对比。图 3-4 和图 3-5 所示为 CuO 和 Fe_2O_3 通过 CFD 模拟的温度分布情况。可以得到 CuO 的温度从 1200 K 下降到 1000 K 的时间在 2 s 内，而 Fe_2O_3 为 3 s。时间短速率快证明传热性能好。

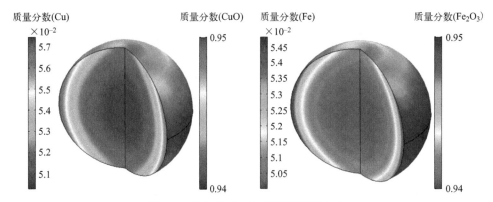

图 3-3 CuO 和 Fe_2O_3 颗粒的质量分布

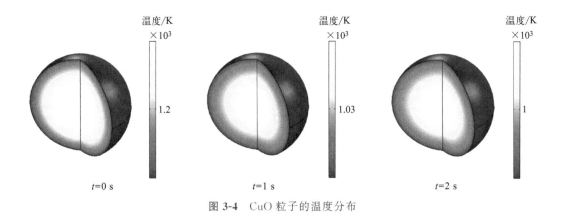

图 3-4 CuO 粒子的温度分布

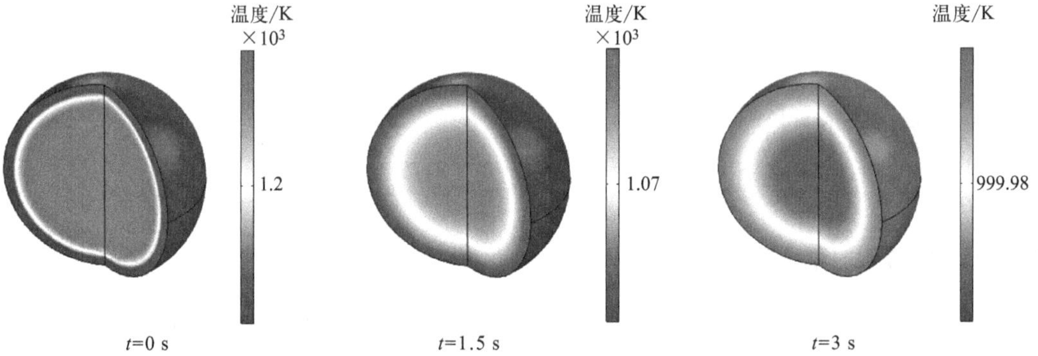

图 3-5 Fe_2O_3 粒子的温度分布

因此，CuO 的传热性能从传热角度优于 Fe_2O_3。

$$\rho C_p \frac{\partial T}{\partial t} + \rho C_p \boldsymbol{u} \cdot \boldsymbol{\nabla} T + \boldsymbol{\nabla} \cdot \boldsymbol{q} = Q + Q_{\text{ted}} \tag{3-51}$$

$$\boldsymbol{q} = -k \, \boldsymbol{\nabla} T \tag{3-52}$$

然后对比 CuO 和 Fe_2O_3 的传质性能。当水蒸气流速为 0.2 m/s、CuO 和 Fe_2O_3 流速为 0.1 m/s、反应器高度和温度分别为 0.6 m 和 1200 K 时的 H_2 浓度随时间（min）的变化曲线如图 3-6 所示。可以看出 CuO 和 Fe_2O_3 作为载氧体 H_2 浓度随时间呈上升趋势，说明都有助于气化反应的进行。但 Fe_2O_3 产生 H_2 的浓度在 10 min 时为 35％左右，低于 CuO 的 45％左右，尤其是在 16～20 min 时间区间内，Fe_2O_3 作用的 H_2 浓度仅为 30％左右，CuO 作用的 H_2 浓度却依旧能维系在 40％左右。综上所述，产氢效果 CuO 优于 Fe_2O_3。

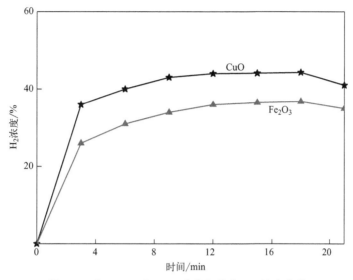

图 3-6　以 Fe_2O_3 和 CuO 为载氧体的 H_2 浓度变化

图 3-7 为 Fe_2O_3 和 CuO 分别作为载氧体在如上模拟条件下 CO 浓度随时间的变化曲线。可以看出 CuO 和 Fe_2O_3 作为载氧体 CO 浓度随时间呈上升趋势，说明都有助于气化反应的进行。但 Fe_2O_3 产生 CO 的浓度在 10 min 时为 20％左右，低于 CuO 的 30％左右。在 16～20 min 时间区间内 Fe_2O_3 作用的 CO 浓度只有 22％左右，而 CuO 作用的达到 33％左右。上述结果皆证明 CuO 相对于 Fe_2O_3 作为载氧体既有助于合成气的生成，又有利于 CCLG 气化反应热量的提供，因此明确 CuO 为接下来分析与讨论的合适载氧体。

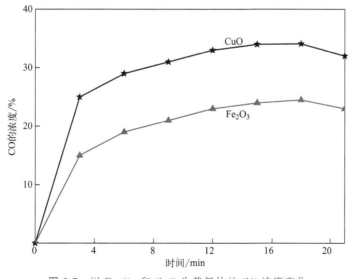

图 3-7　以 Fe_2O_3 和 CuO 为载氧体的 CO 浓度变化

3.4.2 载氧体的最佳停留时间

载氧体最佳停留时间的确定是保证合成气高纯度生产的关键，这主要是因为载氧体影响众多反应包括间接催化气化反应、水蒸气重整反应和载氧体还原反应[16]。通过 CFD 对多相流体的流动状态模拟能得到载氧体与水蒸气之间达到最大混合程度的接触时间[17]。以 CuO 和水蒸气分别作为分散相和连续相，依据多相欧拉方法忽略单个粒子的特性对气相和固相进行 CFD 模拟，得到的连续相速度分布和分散相体积分数分布如图 3-8 和图 3-9 所示。FR 内分散相随着时间的推移从左向右的体积分数逐渐增大，且连续相的速度也逐步增大，特别是分散相与连续相的接触面积在时间 t 大于 15 min 后也相应增大。由此结合如图 3-6 和图 3-7 所示的 CuO 作为载氧体对合成气的影响分析，确定 CuO 的最佳停留时间区间为 15～20 min。

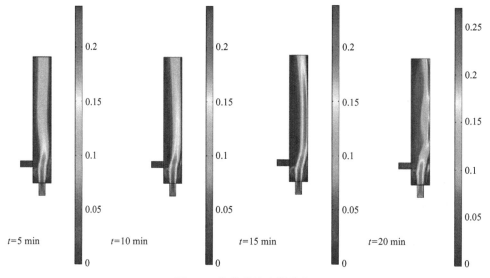

图 3-8 连续相的速度分布

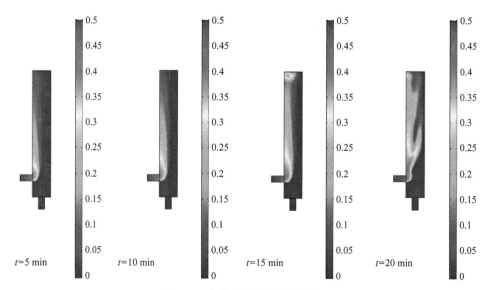

图 3-9 分散相体积分数的分布

3.4.3　载氧体流量对化学链气化过程的影响

高纯度合成气的生产是 CCLG 过程的目标，所以最佳煤颗粒/CuO 数值的确定对于高纯度合成气的生产具有重要意义，有助于抑制 CO 和 H_2 氧化为 CO_2 和 H_2O[18]。在本研究中，固定煤颗粒流量、FR 温度、水蒸气流量分别为 0.5 kg/h、1200 K 和 0.5 kg/h 的条件下，将 CuO 流量由 0.25 kg/h 以 0.25 kg/h 的增幅提高到 1.25 kg/h 来观察 CuO 流量对 CO、H_2、H_2O 和 CO_2 浓度的影响。模拟结果如图 3-10 所示，当 CuO 流量高于 0.75 kg/h 时，H_2O 和 CO_2 的浓度呈增加趋势，而 H_2 和 CO 的浓度持续下降；当 CuO 流量低于 0.75 kg/h 时，H_2O 和 CO_2 的浓度持续下降，H_2 和 CO 的浓度则持续上升。特别是当 CuO 流量正好在 0.75 kg/h 时，CO 和 H_2 的浓度达到最大值，分别为 35% 和 40% 左右。在此模拟体系下初步推断有利于合成气生产的煤颗粒/CuO 为 1∶1.5。

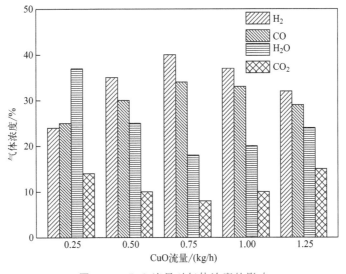

图 3-10　CuO 流量对气体浓度的影响

固定煤颗粒流量和水蒸气流量皆为 0.5 kg/h，以 0.25 kg/h 的增幅将 CuO 流量由 0.25 kg/h 提高到 1.25 kg/h 来模拟 CuO 流量对煤炭转化率的影响。模拟结果如图 3-11 所示，当 CuO 流量高于 0.75 kg/h 时，还原反应的作用导致煤的转化率随 CuO 流量的增加逐步减小；当 CuO 流量低于 0.75 kg/h 时，由于气化反应的作用 CuO 流量的增加明显促进了煤颗粒的转化，进一步证明了最佳煤颗粒/CuO 为 1∶1.5。

3.4.4　水蒸气流量对化学链气化过程的影响

水蒸气流量是影响高纯度合成气生产的另一重要参数，因其直接参与气化反应[19]。在本小节中，固定煤颗粒流量、CuO 流量、FR 温度分别为 0.5 kg/h、0.75 kg/h 和 1200 K 的条件下，通过将水蒸气流量由 0 kg/h 以 0.5 kg/h 的增幅增加到 2 kg/h 来观察水蒸气流量对 CO、H_2、H_2O 和 CO_2 浓度的影响。模拟结果如图 3-12 所示，随着水蒸气流量的增加，H_2O 的浓度浮动较大，H_2 和 CO 的浓度先快速增加后减小，CO_2 浓度则呈缓慢增加趋势。当水蒸气流量大于 1 kg/h 并持续增加，H_2 和 CO 的浓度有所下降。当水蒸气流量为 1 kg/h

时水蒸气的转化率、H₂ 和 CO 的浓度最高。

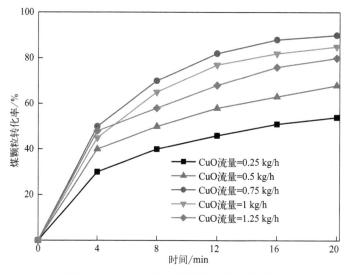

图 3-11　CuO 流量对煤颗粒转化率的影响

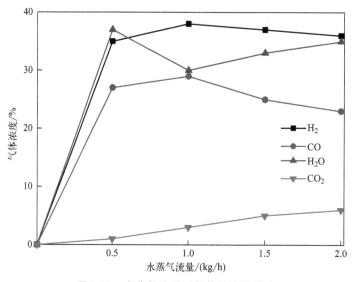

图 3-12　水蒸气流量对气体浓度的影响

3.4.5　燃料反应器温度对化学链气化过程的影响

本小节分析了煤颗粒、CuO 和水蒸气转化率在不同 FR 温度下的变化情况。首先煤颗粒质量固定为 200 g，观察 FR 温度由 900 K 以 100 K 的间隔增加到 1200 K 时煤颗粒转化率随时间的变化趋势。模拟结果如图 3-13 所示，煤颗粒的转化率随着 FR 温度由 900 K 上升到 1200 K 逐渐增大。当 FR 温度为 1200 K 时，随时间逐步增加煤颗粒的转化率也持续增加，特别是在 20 min 时高达 90%。因此此模拟体系的 FR 温度越高，越有利于促进煤气化反应的进行，从而有助于生产高纯度合成气。

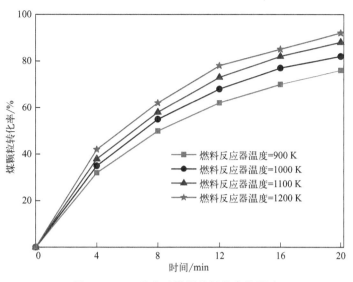

图 3-13 FR 温度对煤颗粒转化率的影响

然后是 CuO 质量固定为 200 g，观察 FR 温度由 900 K 以 100 K 的间隔增加到 1200 K 时 CuO 转化率随时间的变化趋势。模拟结果如图 3-14 所示，随着 FR 温度的增加，CuO 的转化率也逐渐增加，这主要是由于高温能促进 CuO 还原反应的进行。当 FR 温度为 1200 K 时，随时间逐步增加 CuO 的转化率也持续增加，特别是在 20 min 时高达 80%。因此此模拟体系的 FR 温度越高，越有利于促进 CuO 能量和晶格氧的释放，从而有助于生产高纯度合成气。

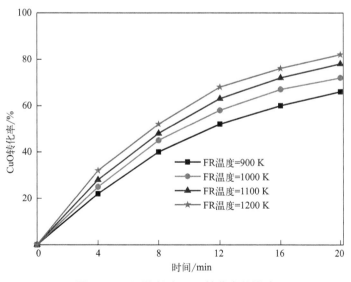

图 3-14 FR 温度对 CuO 转化率的影响

最后是水蒸气质量固定为 500 g，观察 FR 温度由 900 K 以 100 K 的间隔增加到 1200 K 时水蒸气转化率随时间的变化趋势。模拟结果如图 3-15 所示，随着 FR 温度的增加，水蒸气的转化率也逐渐增加，但上升的幅度相对较小。当 FR 温度为 1200 K 时，随时间逐步增加水蒸气的转化率也持续增加，特别是在 20 min 时水蒸气转化率高达 95％，几乎完全转化。此模拟体系中 FR 温度虽然对水蒸气转化率的影响较小，但高纯度合成气的生产需要明确合适的 FR 温度。

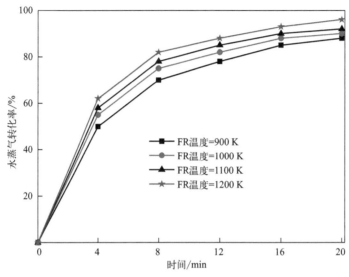

图 3-15　FR 温度对水蒸气转化率的影响

本章小结

本章对 CCLG 中 FR 进行 CFD 模拟，主要包括动量方程、能量方程、质量方程以及反应动力学模型的建立，最佳载氧体的选择，载氧体最佳停留时间的确定以及不同操作参数对气体产物浓度影响的讨论。主要结论如下：

（1）对 FR 的多相流建模，包括气相和固相动量方程、连续性方程、气相与固相传热系数的求解以及水蒸气重整反应、载氧体还原反应和气化反应动力学模型的建立。

（2）从固体传热和固体传质角度分别得出 CuO 使温度从 1200 K 下降到 1000 K 的时间小于 Fe_2O_3，在 2 s 内；在时间区间为 16～20 min 时，CuO 作用产生的 CO 和 H_2 浓度大于 Fe_2O_3，分别为 33％和 40％。通过以上对比证明 CuO 性能较好。

（3）以 CuO 和水蒸气分别作为分散相和连续相得到最佳的载氧体停留时间区间是 15～20 min。

（4）通过对 CCLG 过程的影响证明煤颗粒/CuO 为 1∶1.5 更有利于高纯度合成气的生产；通过对 CCLG 过程的影响证明当水蒸气流量持续增加到某一定值后会导致合成气的纯度降低；通过对 CCLG 过程的影响证明 FR 温度的上升有助于提高煤颗粒、CuO 和水蒸气的转化率。

参考文献

[1] Li F, Zeng L, Velazquez-Vargas L G, et al. Syngas chemical looping gasification process: Bench-scale studies and reactor simulations [J]. AIChE Journal, 2010, 56 (8): 2186-2199.

[2] Wang Y, Liu M, Dong N, et al. Chemical looping gasification of high nitrogen wood waste using a copper slag oxygen carrier modified by alkali and alkaline earth metals [J]. Chemical Engineering Journal, 2020, 410 (1): 128344.

[3] Ma J, Mei D, Tian X, et al. Fate of mercury in volatiles and char during in situ gasification chemical-looping combustion of coal [J]. Environmental Science & Technology, 2019, 53 (13): 7887-7892.

[4] Karim M R, Bhuiyan A A, Sarhan A A R, et al. CFD simulation of biomass thermal conversion under air/oxy-fuel conditions in a reciprocating grate boiler [J]. Renewable Energy, 2020, 146 (11): 1416-1428.

[5] Li Z, Xu H, Yang W, et al. CFD simulation of a fluidized bed reactor for biomass chemical looping gasification with continuous feedstock [J]. Energy Conversion and Management, 2019, 201: 112143.

[6] Jan M, Falah A, Ohlemüller P, et al. Reactive two-fluid model for chemical-looping combustion-simulation of fuel and air reactors [J]. International Journal of Greenhouse Gas Control, 2018, 76: 175-192.

[7] Menon K G, Patnaikuni V S. CFD simulation of fuel reactor for chemical looping combustion of Indian coal [J]. Fuel, 2017, 203: 90-101.

[8] Xu D, Zhang Y, Hsieh T L, et al. A novel chemical looping partial oxidation process for thermochemical conversion of biomass to syngas [J]. Applied Energy, 2018, 222: 119-131.

[9] Ni Z, Hespel C, Han K, et al. Numerical simulation of heat and mass transient behavior of single hexadecane droplet under forced convective conditions [J]. International Journal of Heat and Mass Transfer, 2021, 167 (3): 120736.

[10] Yao Z, You S, Ge T, et al. Biomass gasification for syngas and biochar co-production: Energy application and economic evaluation [J]. Applied Energy, 2018, 209: 43-55.

[11] Adams II T A, Barton P I. Combining coal gasification and natural gas reforming for efficient polygeneration [J]. Fuel Processing Technology, 2011, 92 (3): 639-655.

[12] Ge H, Guo W, Shen L, et al. Biomass gasification using chemical looping in a 25 kW_{th} reactor with natural hematite as oxygen carrier [J]. Chemical Engineering Journal, 2016, 286: 174-183.

[13] Wang K, Mitchell J E, Ho S, et al. Oxidative coupling of light alkanes to liquid fuels using isobutane as an oxygen carrier and the alkane structure-reactivity relationship [J]. Industrial & Engineering Chemistry Research, 2020, 59 (50): 21630-21641.

[14] Wang S, Wang G, Jiang F, et al. Chemical looping combustion of coke oven gas by using Fe_2O_3/CuO with $MgAl_2O_4$ as oxygen carrier [J]. Energy & Environmental Science, 2010, 3 (9): 1353-1360.

[15] Chen Y, Müller C R. Lattice boltzmann simulation of gas-solid heat transfer in random assemblies of spheres: The effect of solids volume fraction on the average Nusselt number for $Re \leqslant 100$ [J]. Chemical Engineering Journal, 2019, 361: 1392-1399.

[16] Yan X, Hu J, Zhang Q, et al. Chemical-looping gasification of corn straw with Fe-based oxygen carrier: Thermogravimetric analysis [J]. Bioresource Technology, 2020, 303: 122904.

[17] Almohammed N, Alobaid F, Breuer M, et al. A comparative study on the influence of the gas flow rate on the hydrodynamics of a gas-solid spouted fluidized bed using Euler-Euler and Euler-Lagrange/DEM models [J]. Powder Technology, 2014, 264 (3): 343-364.

[18] Dansie J K, Sahir A H, Hamilton M A, et al. An investigation of steam production in chemical-looping combustion (CLC) and chemical-looping with oxygen uncoupling (CLOU) for solid fuels [J]. Chemical Engineering Research & Design, 2015, 94: 12-17.

[19] Wang X, Xu T, Jin X, et al. CuO supported on olivine as an oxygen carrier in chemical looping processes with pine sawdust used as fuel [J]. Chemical Engineering Journal, 2017, 330: 480-490.

第 4 章

煤化学链气化过程废水处理优化设计

CCLG 过程产生的 CPW 是以苯酚为代表的高浓度有机废水[1]。一旦 CPW 进入环境中会对周围的人类和生物造成伤害，所以有必要开展 CPW 处理流程优化控制研究[2]。本章的研究方案如图 4-1 所示，从全局角度对 CPW 的来源与处理进行一体化研究。首先将煤引入干燥单元为 FR 提供水蒸气，剩余经干燥后的煤则进入热解单元裂解产生焦炭和热解气。热

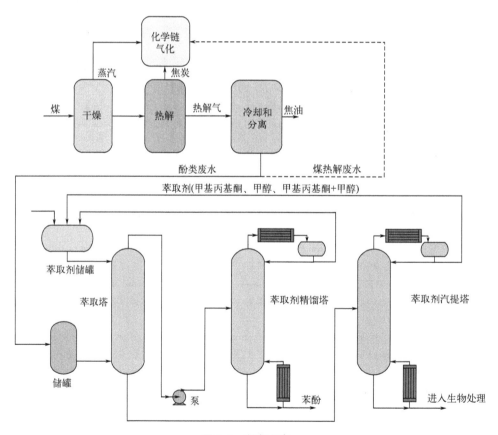

图 4-1　研究方案

解气经进一步的冷凝和分离后产生可以作为 FR 气化剂以实现循环利用的 CPW。为了证明 CPW 三塔处理流程设计的必要性，特用虚线来体现未经处理的 CPW 对 FR 合成气生产的影响。

4.1 研究思路

图 4-2 所示为本研究工作的框架，思路如下：首先采用 Aspen Plus 模拟煤热解过程中 CPW 的生成及其对 FR 的影响。然后利用量子化学方法通过对比甲基丙基酮（MPK）、甲醇以及 MPK＋甲醇三种萃取剂分别与苯酚分子稳定构型的相互作用能大小来初步选择出本研究的最佳萃取剂。紧接着将不同萃取剂应用于 CPW 三塔处理流程中，在保证废水处理有效的同时验证上述量子化学结果。最后根据所选的最佳萃取剂提出了一种 CPW 处理工艺动态控制方案，并使用 Aspen Dynamics 对其系统稳定性和抗干扰能力进行了讨论。总体上本章提出的是一种综合考虑 CPW 所有性能和影响因素的全局优化设计思路，通过分析 CPW 来源确定其当中的主要污染物为苯酚，并对具体的处理流程进行设计、优化与控制。

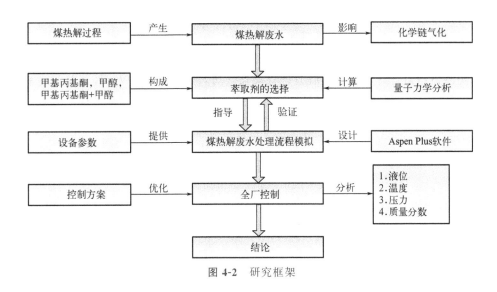

图 4-2　研究框架

4.2 煤化学链气化废水来源研究

CPW 的组成会因生产工艺和煤质的不同而有所差异，但其 COD 值约为 1000 mg/L，故为高浓度有机废水[3]。本节分为三部分：CPW 的来源描述、CPW 的产生过程模拟及 CPW 对 FR 的直接影响。

4.2.1 煤化学链气化废水产生过程

热解产生的热解气经冷凝和分离后产生 CPW，如图 4-3 所示。若将 CPW 直接作为 FR 的气化剂生产合成气有助于提高 CCLG 整个过程的原子利用率。因此有必要开展 CPW 产生过程的流程模拟来分析其对 FR 的影响。

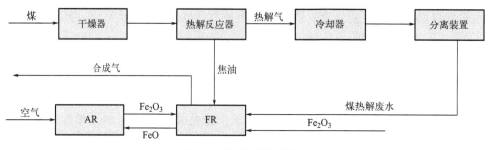

图 4-3　CPW 来源示意图

4.2.2　煤化学链气化废水来源模拟

整个 CPW 产生过程模拟所需的操作参数如压力、温度等皆与实际 CCLG 装置运行参数相匹配。图 4-4 为 CCLG 整个过程的 Aspen Plus 流程图，其中物流 CPW 用虚线所表示。本模拟的物性方法为 PR-BM（Peng Robinson-Boston Mathias）方程[4]。选择产率反应器（RYIELD）模块模拟煤热解过程中的干燥和热解装置。干燥单元的温度和压力分别设定为350 ℃和 3.55 MPa，经分离器 1 实现干煤与水分的分离。热解单元的温度和压力分别设定为 630 ℃和 3 MPa，经分离器 2 实现焦炭与热解气的分离。得到的焦炭和热解气分别被分解器分解和冷凝器冷凝。冷合成气最后通过分离器 3 分离后产生 CPW。经煤热解过程产生的CPW 和焦炭直接作为气化剂和原料通入 FR 与载氧体混合以反应产生合成气。在气化过程中，选择吉布斯反应器模块（RGIBBS）模拟 FR 和 AR 单元，因其计算的反应允许涉及固体。FR 和 AR 单元的温度分别设定为 800 ℃和 1000 ℃，压力分别设定为 3.5 MPa 和3.6 MPa。经分离器 5 和 6 分别实现合成气与其他气体的分离和载氧体在 AR 和 FR 之间的循环利用。

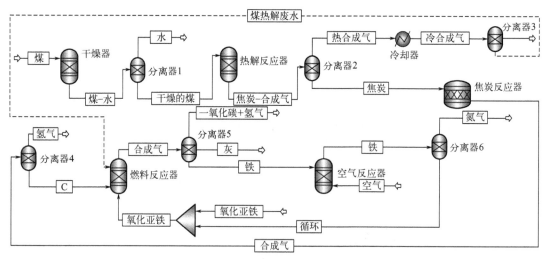

图 4-4　CPW 产生及对 FR 影响模拟流程图

重要物流的模拟结果如温度、压力和质量流量列于表 4-1 中。由煤热解废水物流的模拟结果可知水的质量流量为 8799.6 kg/h，苯酚的质量流量为 833 kg/h，证明 CPW 含有大量苯酚。由合成气物流的模拟结果可得苯酚的质量流量为 200 kg/h。以上模拟结果有助于分析 CPW 的组成和流量对 SYNGAS 物流中合成气组成的影响。

表 4-1　模拟结果

数据	煤热解废水	合成气	氧化亚铁	煤	碳	焦炭	空气
模拟温度/℃	80	800	25	25	1035	630	25
模拟压力/MPa	0.1	3.5	0.1	0.1	3.5	3	0.1
气相分数	0	1	0	0	0	0	1
质量流量/(kg/h)	10061	12204.2	7184.6	19597	13164.6	14309	5602.7
氮气	0	0	0	0	0	0	4000
氧化亚铁	0	0	7184.6	0	0	0	0
水	8799.6	800	0	0	0	0	0
焦炭	0	0	0	19597	13164.6	14309	0
碳	0	0	0	0	11321.6	0	0
硫	0	0	0	0	324.6	0	0
灰	0	0	0	0	1518.4	0	0
氢气	0	4602.1	0	0	0	0	0
一氧化碳	0	5602.1	0	19597	0	0	0
煤	0	0	0	0	0	0	0
苯酚	833	200	0	0	0	0	0
二氧化碳	428.4	1000	0	0	0	0	0
氧气	0	0	0	0	0	0	1602.7

4.2.3　煤化学链气化废水对合成气质量的影响

表 4-1 的模拟结果经分析可得，当 CPW 物流中苯酚的质量分数为 8.3%（833/10061）时，合成气物流中 H_2 的质量分数为 45.9%（4602.1/12204.2），CO 的质量分数为 37.7%（5602.1/12204.2）。经灵敏度分析的 CPW 物流质量流量对合成气物流中 CO 和 H_2 质量分数的变化曲线如图 4-5 所示。当 CPW 物流的质量流量以 20 kg/h 的增幅从 800 kg/h 提高到 900 kg/h 时，合成气物流中 CO 的质量分数由 47% 减小到 45%，H_2 的质量分数由 38% 减小到 36%。经灵敏度分析的 CPW 物流中苯酚的质量分数对合成气物流 CO 和 H_2 质量分数的影响如图 4-6 所示。固定载氧体、CPW 和焦炭的流量，当 CPW 物流中苯酚的质量分数以 1% 的增幅从 5% 提高到 10% 时，合成气物流中 CO 的质量分数由 49% 减小到 43.2%，H_2 的质量分数由 40% 减小到 36%。综上所述，FR 产生的 CO 和 H_2 质量组成与 CPW 物流的质量流量和苯酚质量组成成反比。因此可以得出 CPW 对 CO 和 H_2 的质量影响较大，在其进入 FR 之前应尽可能地去除 CPW 中的苯酚以提高 CO 和 H_2 的产量。接下来将着重介绍 CPW 中苯酚的萃取脱除。

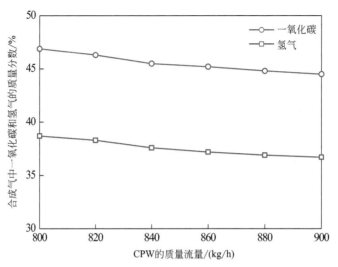

图 4-5　CPW 质量流量对合成气质量组成的影响

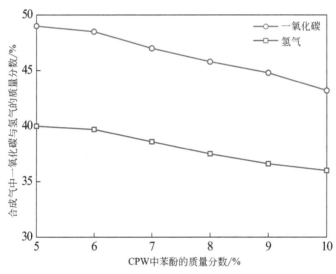

图 4-6　CPW 中苯酚的质量分数对合成气质量组成的影响

4.3　煤化学链气化废水处理流程设计

考虑到萃取脱酚的操作条件适度，因此本节选择萃取法处理 CPW，思路是利用量子化学方法计算不同萃取剂与苯酚之间相互作用能来选择最佳萃取剂，并以此为基础设计 CPW 处理流程以验证不同萃取剂脱酚的能力。

4.3.1　萃取剂选择

实验测试难以直接获得不同分子间的相互作用，而量子化学计算方法为此提供了强有力的信息指导[5]。分子间的相互作用能是量子化学理论中具有高计算价值的参数指标。分子和原子的许多性质包括作用位点、化学势和分子间相互作用能可以用静电势来表示[6]。由于在分子附近的原子核和电子对分子的静电势影响很大，因此不同位置的分子静电势性能表现存在差异[7]。静电势为正和为负的区域分别易受亲核试剂和亲电试剂的攻击。因此可知分子的静电势是表征分子间相互作用的基础[8]。考虑到氢键结合的分子在液-液萃取中能提高大多数供氢芳香族中典型原型苯酚的去除效率，所以亲核试剂能作为萃取剂提取苯酚[9]。工业上甲醇和 MPK 是常用的苯酚萃取剂，因此本小节将通过计算甲醇、MPK 与苯酚之间的相互作用能选择出脱除效果最好的萃取剂[10]。

分子的静电势值可以通过映射显示在分子边界的表面。图 4-7 为苯酚分子与甲醇、MPK 以及甲醇＋MPK 协同溶剂的静电势图。分子边界表面的颜色越深，说明范德华力的表面穿透力和静电势的绝对值越大[11]。由于分子之间氢键的存在，在图 4-7 结构中苯酚分子与甲醇、MPK 以及甲醇＋MPK 协同溶剂皆存在范德华力的表面渗透，并且苯酚分子与甲醇＋MPK 协同溶剂的结构中存在比甲醇和 MPK 更强的正区。可以初步判断苯酚分子与甲醇＋MPK 协同溶剂的相互作用力大于 MPK 和甲醇。

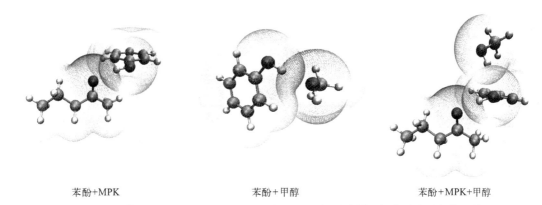

苯酚+MPK　　　　　　　　苯酚＋甲醇　　　　　　　　苯酚+MPK+甲醇

图 4-7　三种萃取溶剂（甲醇、MPK、甲醇＋MPK 协同溶剂）与苯酚分子的静电势图

研究待分离组分分子和萃取剂分子间的相互作用差异是实现萃取分离过程的微观基础。由于萃取过程为不存在键的断裂或生成的物理过程，所以只需要研究体系中 π-π 堆积作用、范德华作用、卤键一类的弱相互作用、二氢键、氢键等分子间相互作用[12]。以 A 和 B 分子为例，式（4-1）～式（4-3）能定量计算两分子间的相互作用能[13]。E_{AB} 表示 A、B 基函数下 AB 复合物的能量，E_i 表示校正相互作用能，E_{AE} 和 E_{BE} 分别表示 A、B 基函数下 A 的能量和 A、B 基函数下 B 的能量，E_{BSSE} 表示修正后的相互作用能，E_A 和 E_B 分别表示 A 基函数下 A 的能量和 B 基函数下 B 的能量。

$$E_i = E_{AB} - E_A - E_B + E_{BSSE} \tag{4-1}$$

$$E_{BSSE} = (E_A - E_{AE}) + (E_B - E_{BE}) \tag{4-2}$$

$$E_i = E_{AB} - E_{AE} - E_{BE} \tag{4-3}$$

苯酚分子与甲醇、MPK 以及甲醇＋MPK 协同溶剂之间相互作用能的计算是非常重要的。本工作的相互作用能计算应用了 Molclus 程序、MOPAC 程序和 Gaussian09 D01 软件包。首先，Molclus 程序被利用以寻找体系的全部构象。然后使用 PM6-DH＋并调用 MOPAC 程序进行预优化。最后使用 B3LYP 交换泛函结合 6-311G（d，p）基组并调用

Gaussian 进行再优化。添加 Empirical dispersion=GD3BJ 关键词于路径选项栏中以消除色散效应，在不受对称约束的情况下进行所有计算的优化。通过 B3LYP/6-311＋＋G(d，p) 级别下的频率分析验证优化后结构的能量最小值并提供零点修正能。添加关键词 counterpoise=2 在 B3LYP/6-311＋＋G(d，p) 级别下计算 BSSE corrected energy。表 4-2 列出了苯酚分子与甲醇、MPK 以及甲醇＋MPK 协同溶剂之间相互作用能的计算结果，其中苯酚分子与 MPK＋甲醇溶剂、甲醇和 MPK 的校正相互作用能分别为－67.8 kJ/mol、－33.7 kJ/mol 和－40.2 kJ/mol。

表 4-2　萃取溶剂与苯酚分子之间的相互作用能

体系	总校正能量/(kJ/mol)	基组重叠误差校正能量/(kJ/mol)	个体能量之和/(kJ/mol)	未校正相互作用能/(kJ/mol)	校正相互作用能/(kJ/mol)
MPK＋苯酚	-1.49×10^{6}	3.0	-1.49×10^{6}	-43.2	-40.2
甲醇＋苯酚	-1.09×10^{6}	4.0	-1.09×10^{6}	-37.7	-33.7
MPK＋甲醇＋苯酚	-1.78×10^{6}	6.3	-1.78×10^{6}	-74.1	-67.8

考虑苯酚分子与甲醇、MPK 以及甲醇＋MPK 协同溶剂相互作用能的同时，还要讨论水分子与甲醇、MPK 以及甲醇＋MPK 协同溶剂的相互作用能。图 4-8 为水分子与甲醇、MPK 以及甲醇＋MPK 协同溶剂的静电势图，皆存在范德华力的表面渗透。水分子与甲醇＋MPK 协同溶剂的结构中存在比甲醇和 MPK 更强的正区。表 4-3 列出了水分子与甲醇、MPK 以及甲醇＋MPK 协同溶剂之间相互作用能的计算结果，其中水分子与甲醇＋MPK 协同溶剂、甲醇和 MPK 的校正相互作用能分别为－54.6 kJ/mol、－22.9 kJ/mol 和－28.3 kJ/mol。鉴于水分子与萃取溶剂的相互作用会对萃取效果产生影响，所以接下来以苯酚分子与萃取溶剂和水分子与萃取溶剂相互作用能之差的绝对值大小来判断萃取效果的好坏。

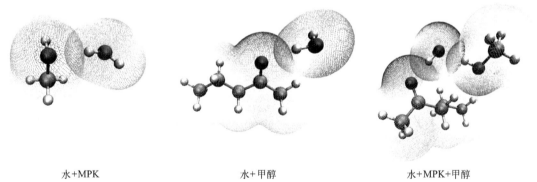

水+MPK　　　　　　　　水+甲醇　　　　　　　水+MPK+甲醇

图 4-8　三种萃取溶剂（甲醇、MPK、甲醇＋MPK 协同溶剂）与水分子的静电势图

苯酚分子与萃取溶剂间的校正相互作用能和水分子与萃取溶剂的校正相互作用能之差的绝对值越大说明分子间的键合越紧密从而证明萃取效果越好。甲醇＋MPK 协同溶剂的差值绝对值为 13.2 kJ/mol，高于 MPK 和甲醇的 11.9 kJ/mol 和 10.8 kJ/mol。通过三种萃取剂的对比，初步选择甲醇＋MPK 协同溶剂为萃取 CPW 中苯酚的最佳萃取剂。为了验证以上

结果，需要开展 CPW 处理流程设计与模拟。

表 4-3　萃取溶剂与水分子之间的相互作用能

体系	总校正能量 /(kJ/mol)	基组重叠误 差校正能量 /(kJ/mol)	个体能量之和 /(kJ/mol)	未校正 相互作用能 /(kJ/mol)	校正 相互作用能 /(kJ/mol)
MPK＋水	-9.15×10^5	2.1	-9.15×10^5	−30.4	−28.3
甲醇＋水	-5.05×10^5	2.6	-5.05×10^5	−25.5	−22.9
MPK＋甲醇＋水	-1.22×10^5	7.2	-1.22×10^5	−61.8	−54.6

4.3.2　煤化学链气化废水处理流程模拟

本小节从流程模拟角度进一步对比三种萃取剂甲醇、MPK 以及甲醇＋MPK 协同溶剂分别对苯酚的萃取效果。图 4-9 为设计的 CPW 处理流程，包括萃取塔、精馏塔和汽提塔。影响萃取模块模拟结果准确性的关键是液-液平衡分配系数的严格计算。液-液平衡分配系数的计算方法主要有 KLL 温度相关法、用户 KLL 子程序法和选择物性法[14]。表 4-2 计算得到的苯酚分子与 MPK 的校正相互作用能是高于苯酚分子与甲醇的，完全匹配 NRTL（non-random two liquid）物性方法 Aspen Plus 数据库中默认的二元交互作用参数[15]。NRTL 物性方法在 CPW 处理流程模拟过程中被选择用来计算物系间的液-液平衡分配系数。在开展流程模拟之前，两个设计规范包括：溶剂回收汽提塔的合理塔板压降约为 0.7 kPa/塔板；精馏塔中底部的溶剂含量和顶部的苯酚浓度分别需要控制在 100 mg/L。为了简化计算，萃取模块从指定温度分布、指定热负荷分布和绝热状态三种热状态选项中选择了绝热操作。V101 回流罐的萃取溶剂与 CPW 在 T101 萃取塔中逆流接触。经 T101 处理后，CPW 携带少量萃取溶剂从塔底流出，而萃取剂携带大量苯酚从塔顶流出。萃取相流入 T102 精馏塔实现

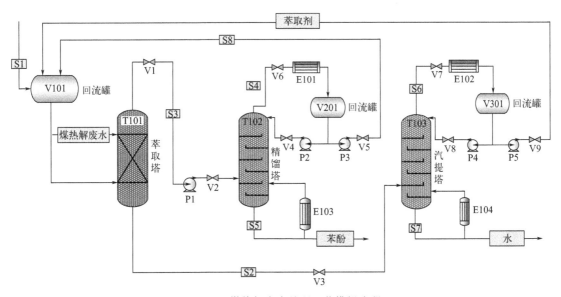

图 4-9　煤热解废水处理工艺模拟流程

萃取剂与苯酚的分离。经分离 T102 塔釜得到高浓度苯酚，而萃取剂富集在 V201 回流罐中。CPW 携带少量萃取溶剂流入 T103 汽提塔以实现纯水与萃取剂的分离。经分离 T103 塔釜得到纯水，而萃取剂则循环补充至 T101。表 4-4 列出了 T101、T102、T103 三塔的主要设计参数。

表 4-4　三塔操作参数

操作参数	T101	T102	T103
塔顶温度/K	298	365	370
塔顶压力/kPa	100	150	150
塔径/cm	480	500	400
塔高/cm	1140	1730	1020
回流罐直径/cm	0	436	225
回流罐长度/cm	0	872	450
回流比（质量）	0	1.36	1.25

4.3.3　模拟优化结果

首先优化 T102 参数。图 4-10 为改变进料板数（从第 4 块到第 7 块）和塔板数（从 28 块到 32 块）对再沸器热负荷影响的三维变化曲线。可以看出再沸器的热负荷会在塔板数大于 29 块后呈上升趋势。当塔板数为 29 块时和进料板数为第 6 块时再沸器的热负荷最小。因此 T102 最佳的进料板数和塔板数分别为第 6 块和 29 块。T103 进料板数和塔板数对再沸器热负荷影响的三维变化曲线如图 4-11 所示。同理，当进料板数为第 3 块和塔板数为 9 块时再沸器的热负荷最小，因此 T103 最佳的进料板数和塔板数分别为第 3 块和 9 块。

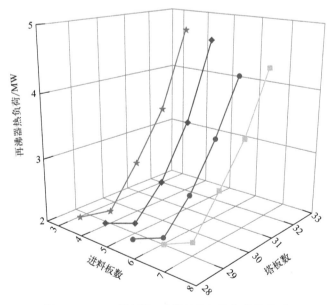

图 4-10　T102 塔板数/进料板数与热负荷的关系

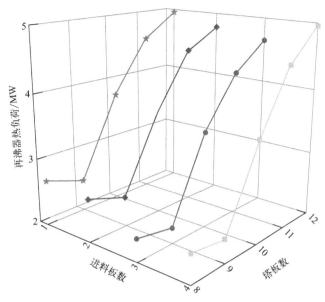

图 4-11　T103 塔板数/进料板数与热负荷的关系

在以上优化的参数条件下，为了对比甲醇、MPK 以及甲醇＋MPK 协同溶剂对苯酚的萃取效果，固定 CPW 和不同萃取溶剂的流量分别为 30800 kg/h 和 2000 kg/h，其中 CPW 流量包括 800 kg/h 的苯酚和 30000 kg/h 的水。表 4-5 列出了以 MPK 为萃取剂的流程模拟结果，经 MPK 萃取后水物流中苯酚的质量分数仅有 0.51％，且水的质量分数从 CPW 物流的 97.4％提高到 98.99％，证明了 MPK 能有效地实现苯酚与水的分离。

表 4-5　MPK 作为萃取剂的模拟结果

参数	煤热解废水	苯酚	萃取剂	水
温度/K	313	489	370	375
压力/kPa	125	120	105	109
气相分数	0	0	0	0
质量流量/(kg/h)	3.08×10^4	7.80×10^2	2.00×10^2	2.9897×10^4
水质量分数/％	97.4	0.25	1.4	98.99
苯酚质量分数/％	2.6	98.5	0.6	0.51
甲基丙基酮质量分数/％	0	1.25	98	0.5

表 4-6 列出了以甲醇为萃取剂的流程模拟结果，经甲醇萃取后水物流中水的质量分数从 CPW 物流的 97.4％提高到 98.42％，但低于以 MPK 作为萃取剂的 98.99％。因此，甲醇萃取 CPW 中苯酚的能力低于 MPK。

表 4-6　甲醇作为萃取剂的模拟结果

数据表	煤热解废水	苯酚	萃取剂	水
温度/K	313	489	370	375

数据表	煤热解废水	苯酚	萃取剂	水
压力/kPa	125	120	105	109
气相分数	0	0	0	0
质量流量/(kg/h)	3.08×10^4	7.72×10^2	1.95×10^2	2.94×10^4
水质量分数/%	97.4	0.35	1.9	98.42
苯酚质量分数/%	2.6	98.2	0.8	0.71
甲基丙基酮质量分数/%	0	1.45	97.3	0.87

图 4-12 为不同比例的甲醇＋MPK 协同溶剂对苯酚的萃取模拟结果。当甲醇＋MPK 协同溶剂中甲醇的体积分数为 5％时，水的质量分数增加幅度较大，说明苯酚与甲醇＋MPK 协同溶剂的相互作用能较大。超过 5％时，水的质量分数增长缓慢，并趋于一个稳定值。因此，选择 5％甲醇体积分数的甲醇＋MPK 协同溶剂与单独的甲醇和 MPK 进行最终的比较。表 4-7 为以甲醇＋MPK 协同溶剂（95％MPK＋5％甲醇）为萃取剂的流程模拟结果，经甲醇＋MPK 协同溶剂萃取后水物流中水的质量分数从 CPW 物流的 97.4％提高到 99.49％。因此，与甲醇和 MPK 相比，以甲醇＋MPK 协同溶剂作为萃取剂既能最高效地去除苯酚，又能保证废水达到排放标准。

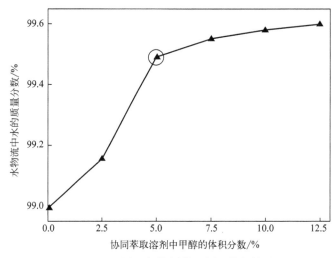

图 4-12　不同比例协同萃取剂的模拟结果

表 4-7　95％甲基丙基酮＋5％甲醇作为萃取剂的模拟结果

参数	煤热解废水	苯酚	萃取剂	水
温度/K	313	489	370	375
压力/kPa	125	120	105	109
气相分数	0	0	0	0
质量流量/(kg/h)	3.08×10^4	7.95×10^2	2.10×10^2	2.9995×10^4
水质量分数/%	97.4	0.1	0.3	99.49

参数	煤热解废水	苯酚	萃取剂	水
苯酚质量分数/%	2.6	99.4	0.05	0.03
甲基丙基酮质量分数/%	0	0.45	98.3	0.45
甲醇质量分率/%	0	0.05	1.35	0.03

除与水和苯酚相互作用能差的绝对值密切相关外，不同萃取剂的萃取效果也与萃取剂在水中的溶解度和表面张力、萃取塔的操作参数和萃取剂的密度有关。综上所述，CPW 处理流程的模拟结果与量子化学的计算结果一致。接下来开展依托甲醇＋MPK 协同溶剂作为萃取剂的 CPW 处理流程的动态控制方案。

4.4 煤化学链气化废水处理流程动态控制

4.4.1 控制方案设计

开展动态模拟需要提供各塔的设备尺寸，而 4.3.2 小节已给出 CPW 三塔处理流程的重要设备参数。同时还要补充阀门和泵的压降来计算压力分布。表 4-8 列出了三塔处理动态系统所有阀门和泵的压降。

表 4-8　泵和阀门的压降

阀门	压降/kPa	有效相态	泵	压降/kPa	有效相态
V1,V2,V11	100	液相	P2,P3,P4	100	液相
V3,V4,V5,V6,V7,V8,V9,V10	200	液相	P5,P6 P7,P8	150	液相
V12,V13,V14,V21	250	液相	P9	200	液相
V15,V16,V17,V18,V19,V20	150	液相	P10	250	液相

表 4-9 列出了三塔处理动态系统所设计的 21 个控制器，包括 2 个压力、13 个液位、4 个流量和 2 个温度控制器的主要参数，包括操作变量、被控变量、积分时间（T_i）和增益常数（K_c）[16]。图 4-13 为 CPW 三塔处理动态系统的简化示意图。

表 4-9　控制器参数

名称与标号	被控变量	操作变量	K_c	T_i/min
压力控制器 PC1	T102 塔顶压力	T102 冷凝器热负荷	20.0	12.0
压力控制器 PC2	T103 塔顶压力	V15 开度	20.0	12.0
液位控制器 LC1	T1 底液位	V3 开度	2.0	20.0
液位控制器 LC2	T1 顶液位	V4 开度	2.0	20.0
液位控制器 LC3	T2 底液位	V5 开度	2.0	20.0
液位控制器 LC4	T2 顶液位	V6 开度	2.0	20.0
液位控制器 LC5	T3 底液位	V7 开度	2.0	20.0

名称与标号	被控变量	操作变量	K_c	$T_i/\min$
液位控制器 LC6	T3 顶液位	V8 开度	2.0	20.0
液位控制器 LC7	T4 底液位	V9 开度	2.0	20.0
液位控制器 LC8	T4 顶液位	V10 开度	2.0	20.0
液位控制器 LC9	T5 顶液位	V18 开度	2.0	20.0
液位控制器 LC10	T5 底液位	V17 开度	2.0	20.0
液位控制器 LC11	T102 冷凝器液位	V13 开度	2.0	20.0
液位控制器 LC12	T102 塔釜液位	V14 开度	2.0	20.0
液位控制器 LC13	T103 塔釜液位	V19 开度	2.0	20.0
流量控制器 FC1	CPW 流量	V11 开度	0.5	0.3
流量控制器 FC2	萃取剂进料流量	V1 开度	0.5	0.3
流量控制器 FC3	T102 进料流量	V12 开度	0.5	0.3
流量控制器 FC4	T103 进料流量	V20 开度	0.5	0.3
温度控制器 TC1	T102 塔釜温度	T102 再沸器热负荷	2.0	10.0
温度控制器 TC2	T103 塔釜温度	T103 再沸器热负荷	2.0	10.0

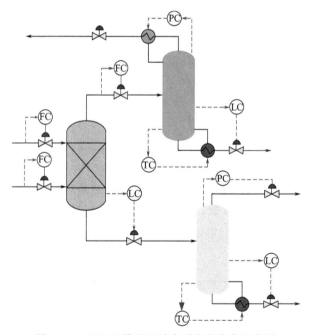

图 4-13 CPW 三塔处理动态系统的简化示意图

利用 Aspen Dynamics 建立了基于阀门和泵的压降及控制器参数的 CPW 三塔处理过程动态控制方案，如图 4-14 所示。由于萃取塔模块无法兼容压力驱动模拟，特给出两种解决方案如直接导入流量驱动模拟和使用其他模块来代替[17]。所以本动态控制系统的萃取塔是被四个首尾相连的两相罐（T1、T2、T3、T4）所取代，如矩形框所示。接下来通过添加不同扰动来测试此控制方案的有效性和稳定性。

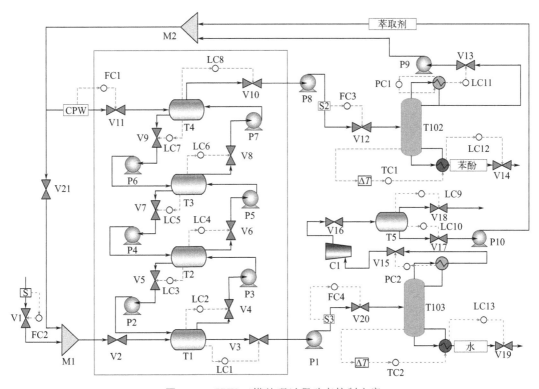

图 4-14 CPW 三塔处理过程动态控制方案

4.4.2 动态模拟结果与讨论

首先验证取代萃取塔的 T1、T2、T3、T4 底部液位的稳定性。图 4-15 为在 2 h 时添加 10% 的 CPW 流量扰动后 T1、T2、T3、T4 底部液位随时间的变化曲线。结果表明 T1、T2、T3、T4 的底部液位在添加流量扰动后都有明显的增加，但 T1、T2、T3、T4 的底部液位在 6 h 后缓慢恢复到设定值。综上所述，T1、T2、T3、T4 在受到干扰时受 LC1、LC3、LC5 和 LC7 液位控制器作用能恢复到平稳状态，证明了此控制方案的有效性。

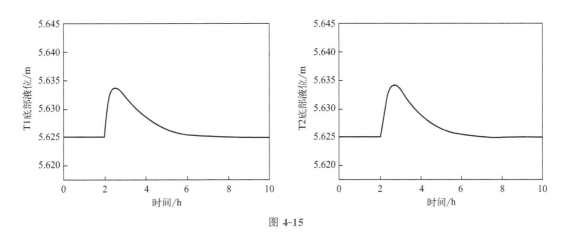

图 4-15

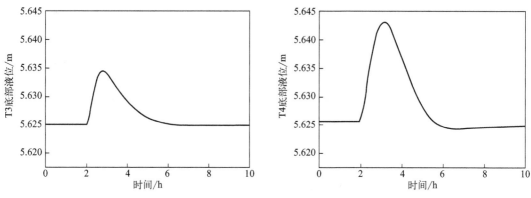

图 4-15 在 2 h 时添加 10％的 CPW 流量扰动对 T1、T2、T3、T4 底部液位的影响

压力和温度是影响精馏塔正常生产的最主要参数。所以本部分在添加不同扰动的情况下分别验证 T102 精馏塔和 T103 汽提塔压力和温度的稳定性[8]。图 4-16 为在 2 h 时通过改变 T102 再沸器热负荷以添加 10％的 T102 塔釜温度后 T102 塔顶压力和温度随时间的变化曲线。可以看出 T102 塔顶压力和温度在添加温度扰动后都有短暂的波动但迅速趋于平稳。图 4-17 为在 2 h 时添加 10％的 T103 塔顶压力后 T103 塔釜和塔顶温度随时间的变化曲线。可以看出 T103 塔顶和塔釜温度在添加压力扰动后随时间的变化趋势与添加温度扰动类似。综上所述，压力和温度控制器的添加能对精馏塔和汽提塔的压力和温度实现严格控制，保证了整个 CPW 三塔处理过程在产品达标的同时正常平稳运行。

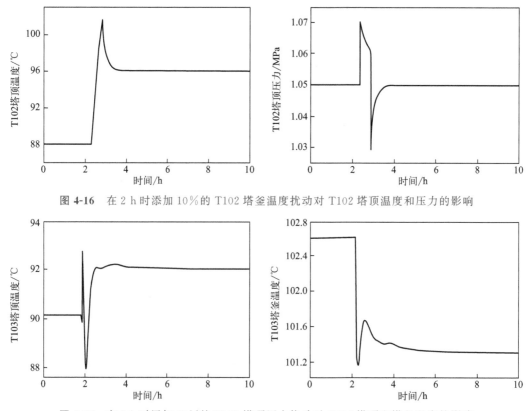

图 4-16 在 2 h 时添加 10％的 T102 塔釜温度扰动对 T102 塔顶温度和压力的影响

图 4-17 在 2 h 时添加 10％的 T103 塔顶压力扰动对 T103 塔顶和塔釜温度的影响

最后为了验证此动态系统对 CPW 质量的控制效果，特分析了扰动下水物流和苯酚物流中水和苯酚质量分数的变化情况。在控制系统作用下主要测试 CPW 流量扰动对水物流和苯酚物流中水和苯酚质量分数的影响。图 4-18 为在 2 h 时添加 10%的 CPW 进料流量后苯酚和水物流中苯酚和水质量分数随时间的变化曲线。可以得出水物流中水的质量分数和苯酚物流中苯酚的质量分数最终分别达到稳定值 0.9941 和 0.94955，证明了 CPW 三塔处理流程动态控制方案的有效稳定性。

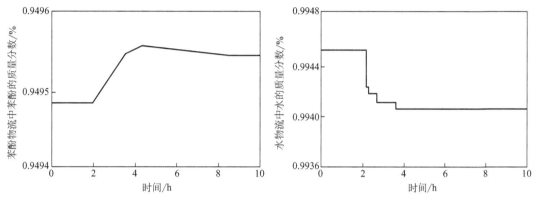

图 4-18 在 2 h 时添加 10%的 CPW 流量扰动对重要组分质量分数的影响

本章小结

本章从全局角度对 CPW 的来源与处理进行一体化研究，主要包括 CPW 的来源描述、CPW 的产生过程模拟、CPW 对 FR 的直接影响、萃取剂的选取、CPW 三塔处理流程设计与优化以及系统动态控制方案的设计与讨论。主要结论如下：

(1) 通过 Aspen Plus 对 CPW 来源模拟获得 CPW 物流和合成气物流中苯酚的质量流量分别为 833 kg/h 和 200 kg/h。经灵敏度分析，当 CPW 物流的质量流量从 800 kg/h 提高到 900 kg/h 时，合成气物流中 CO 的质量分数由 47%减小到 45%，H_2 的质量分数由 38%减小到 36%。当 CPW 物流中苯酚的质量分数从 5%提高到 10%时，合成气物流中 CO 的质量分数由 49%减小到 43.2%，H_2 的质量分数由 40%减小到 36%。

(2) 用量子化学方法分别计算了苯酚分子和水分子与甲醇、MPK 以及甲醇＋MPK 协同溶剂之间的相互作用能。苯酚分子与萃取溶剂间的校正相互作用能和水分子与萃取溶剂间的校正相互作用能之差的绝对值越大说明分子间的键合越紧密从而证明萃取效果越好。苯酚分子与甲醇＋MPK 协同溶剂间的校正相互作用能和水分子与甲醇＋MPK 协同溶剂的校正相互作用能之差的绝对值为 13.2 kJ/mol，高于 MPK 的 11.9 kJ/mol 和甲醇的 10.8 kJ/mol，证明了甲醇＋MPK 协同溶剂为萃取 CPW 中苯酚的最佳萃取剂。

(3) 通过优化 T102 获得最佳的进料板数和塔板数分别为第 6 块和 29 块。通过优化 T103 得到最佳的进料板数和塔板数分别为第 3 块和 9 块。以甲醇＋MPK 协同溶剂（95% MPK＋5%甲醇）为萃取剂的流程模拟结果表明，经甲醇＋MPK 协同溶剂萃取后水物流中水的质量分数从 CPW 物流的 97.4%提高到 99.49%。因此，与甲醇和 MPK 相比，以甲醇

＋MPK 协同溶剂作为萃取剂既能最高效地去除苯酚，又能保证废水达到排放标准。

（4）添加 10％的 CPW 流量扰动后 T1、T2、T3、T4 的底部液位都有明显的增加，但 T1、T2、T3、T4 的底部液位在 6 h 后缓慢恢复到设定值。T102 和 T103 的塔顶压力和温度在分别添加温度和压力扰动后都有短暂的波动但迅速趋于平稳。在添加 10％的 CPW 进料流量后水物流中水的质量分数和苯酚物流中苯酚的质量分数最终分别达到稳定值 0.9941 和 0.94955。以上皆证明了 CPW 三塔处理流程动态控制方案的有效稳定性。

参考文献

[1] Zhang Y，Xu Z，Tu Y，et al. Study on properties of coal-sludge-slurry prepared by sludge from coal chemical industry [J]. Powder Technology，2020，366：552-559.

[2] Zhong L，Xuan J X，Zhang R，et al. Green utilization of the concentrated brine from two-stage membranes in coal chemical industry using selectrodialysis with bipolar membrane [J]. Separation and Purification Technology，2020，256：117816.

[3] Piotr P Romańczyk，Rotko G，et al. Dissociative electron transfer in polychlorinated aromatics. Reduction potentials from convolution analysis and quantum chemical calculations [J]. Physical Chemistry Chemical Physics，2016，18 (32)：22573-22582.

[4] Bai Y，Yan R，Huo F，et al. Recovery of methacrylic acid from dilute aqueous solutions by ionic liquids though hydrogen bonding interaction [J]. Separation and Purification Technology，2017，184：354-364.

[5] Iruthayaraj A，Chinnasamy K，Jha K K，et al. Topology of electron density and electrostatic potential of HIV reverse transcriptase inhibitor zidovudine from high resolution X-ray diffraction and charge density analysis [J]. Journal of Molecular Structure，2019，1180：683-697.

[6] Xia Q，Liu Y，Meng J，et al. Multiple hydrogen bond coordination in three-constituent deep eutectic solvents enhances lignin fractionation from biomass [J]. Green Chemistry，2018，20 (12)：2711-2721.

[7] Wu Y，Chen B，Yang S. Liquid-liquid equilibria for the quaternary system：Diisopropyl ether＋n-pentanol＋phenol＋water at 298.15K [J]. Journal of Chemical & Engineering Data，2020，65 (11)：5210-5217.

[8] Thomas I，Wunderlich B，Grohmann S. Pressure-driven dynamic process simulation using a new generic stream object [J]. Chemical Engineering Science，2020，215：115171.

[9] Lopes B S，Gato L M C，Falcao A F O，et al. Test results of a novel twin-rotor radial inflow self-rectifying air turbine for OWC wave energy converters [J]. Energy，2019，170：869-879.

[10] Xu W，Zhang Y，Cao H，et al. Metagenomic insights into the microbiota profiles and bioaugmentation mechanism of organics removal in coal gasification wastewater in an anaerobic/anoxic/oxic system by methanol [J]. Bioresource Technology，2018，264：106-115.

[11] Ji Q，Tabassum S，Hena S，et al. A review on the coal gasification wastewater treatment technologies：Past，present and future outlook [J]. Journal Cleaner Production，2016，126：38-55.

[12] Chen Y，Lv R，Li L，et al. Measurement and thermodynamic modeling of ternary (liquid ＋ liquid) equilibrium for extraction of o-cresol，m-cresol or p-cresol from aqueous solution with 2-pentanone [J]. The Journal Chemical Thermodynamics，2017，104：230-238.

[13] Zhu Z，Ri Y，Jia H，et al. Process evaluation on the separation of ethyl acetate and ethanol using extractive distillation with ionic liquid [J]. Separation and Purification Technology，2017，181：44-52.

[14] Song Z，Zhou T，Qi Z，et al. Systematic method for screening ionic liquids as extraction solvents exemplified by an extractive desulfurization process [J]. ACS Sustain Chem Eng，2017，5 (4)：3382-3389.

[15] Cui Z，Tian W，Qin H，et al. Optimal design and control of Eastman organic wastewater treatment process [J]. Journal of Cleaner Production，2018，198：333-350.

[16] Jaime J A，Rodríguez G，et al. Control of an optimal extractive distillation process with mixed-solvents as separating

agent [J]. Industrial&Engineering Chemistry Research，2018，57（29）：9615-9626.

［17］ Yu Z，Chen Y，Feng D，et al. Process development，simulation，and industrial implementation of a new coal-gasifi-cation wastewater treatment installation for phenol and ammonia removal ［J］. Industrial&Engineering Chemistry Research，2010，49（6）：2874-2881.

第5章

煤化学链气化过程联合循环发电系统设计

5.1 引言

本章基于系统集成思想，实现二氧化碳捕集和低能耗利用，使用 Fe_2O_3/Al_2O_3 作为载氧体，将捕获的 CO_2 用来生产甲醇，同时获得高电量生产。同时为了研究工艺参数，还构建了煤化学链气化过程联合循环发电系统模型。

气化炉中煤气化得到的合成气进入燃料反应器（fuel reactor，FR），获得燃料气后继续同 Fe_2O_3/Al_2O_3 载氧剂作用产生二氧化碳和水蒸气，这些产物以冷凝方式进行捕集。蒸汽反应器（steam reactor，SR）中，还原的载氧体 FeO 与水蒸气反应生成可用的 H_2，同时氧化产物 Fe_3O_4 进入空气燃烧器（air reactor，AR）与空气反应，再次得到 Fe_2O_3。利用贫氧烟道气剩余的热能，在从 AR 进入废热锅炉时进行蒸汽发电。之后，以化学链过程的产物 CO_2 和 H_2 来合成甲醇，从而实现 CO_2 的捕获和利用，该过程中能量损失为零。图 5-1 给

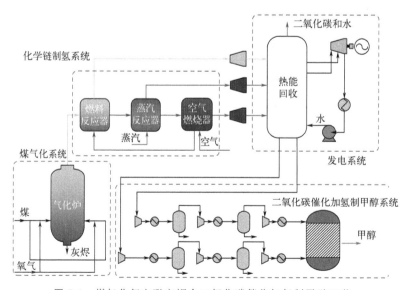

图 5-1 煤气化氢电联产耦合二氧化碳催化加氢制甲醇工艺

出了煤化学链气化过程联合循环发电系统，分为煤气化系统、化学链制氢系统、发电系统、CO_2 催化加氢制甲醇系统四部分。

5.2 煤气化系统

煤气化（coal gasification，CG）是煤与氧气反应的过程，氧气在高温高压气化炉中用作气化剂。气化炉中快速进行了温升、挥发、热解、燃烧、转化等一系列过程，最终生成合成气（包含 CO、H_2 等）。合成气中可能还含有甲烷、水、二氧化碳和氮气，其具体组成依赖于煤、气化过程和气化剂的不同。气化炉基于结构及气固相在其中流动的方式，一般划分为固定床、流化床和气流床。气流床是当前应用最广的形式，具有进料适应性强、气化温度高、进料喷射压力高、容易雾化气化等优点，目前主要的生产厂商有壳牌（Shell）、德士古（Texaco）等。

5.2.1 煤气化工艺介绍

相较于德士古加压气化技术，壳牌气化技术具有更低的运行成本和原煤耗氧量，更高的有效组分含量（CO＋H_2＞90%），以及更低的煤质要求，环境污染小。近年来，壳牌气化已为国内外设计单位和生产厂家广泛使用。

壳牌气化技术用 CO_2 代替 N_2 将预处理的煤粉送入气化炉，来自空分装置的产物（95% O_2，4% Ar，1% N_2）作为氧化剂，压力为 39 atm，升压至 47 atm 后与蒸汽一起进入气化炉，流程如图 5-2 所示。煤粉采用神华煤，表 5-1 和表 5-2 列出了其组成分析结果。气化操作中，氧气与煤的质量比为 0.90，温度 1371 ℃，碳转化率 99.5%，压力 32 atm，工艺指标如表 5-3 所示。

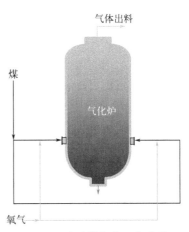

图 5-2 壳牌煤气化工艺流程

表 5-1 气化工艺所用煤的工业分析

组分	含量
H_2O	0.05
灰分	0.10
挥发组分	0.39
固定碳	0.46

表 5-2 针对元素的煤组分分析

元素	含量
碳	0.67
氢	0.05
氧	0.09

元素	含量
氮	0.01
硫	0.04

表 5-3　壳牌煤气化工艺指标

项目	数值
温度/℃	1400～1600
一氧化碳＋氢气产量/[m³/km³]①	330～360
碳转化率	0.99
冷煤效率	0.80～0.85
合成气纯度	0.90

① 标准状况下。

煤热解、挥发性组分燃烧、煤焦气化三个过程在气化炉中依次进行，其原料是氧、水蒸气和煤。

（1）煤热解

煤在进入 1000 ℃以上的气化炉后，首先经历热解过程，分解为包含 CO、N_2、CO_2、H_2S、H_2、CH_4、H_2O 和 C_6H_6 的挥发分和煤焦，其中 C_6H_6 代表焦油，如式(5-1)所示。

$$煤 \longrightarrow 0.0059CO + 0.0084H_2 + 0.003CO_2 + 0.0079H_2O$$
$$+ 0.0094H_2S + 0.0035N_2 + 0.1637CH_4 + 0.071C_6H_6 + 0.7272\,煤焦 \tag{5-1}$$

（2）挥发组分燃烧

煤热解后，属于可燃气体的 CO、H_2、CH_4 和 C_6H_6 挥发性物质，在气化炉中与 O_2 发生如式(5-2)～式(5-5)所示的反应：

$$C_6H_6 + 7.5O_2 \longrightarrow 6CO_2 + 3H_2O \tag{5-2}$$
$$H_2 + 0.5O_2 \longrightarrow H_2O \tag{5-3}$$
$$CO + 0.5O_2 \longrightarrow CO_2 \tag{5-4}$$
$$CH_4 + 2O_2 \longrightarrow CO_2 + 2H_2O \tag{5-5}$$

C_6H_6、H_2、CO 和 CH_4 的转化率设定为 100%。这是考虑到气体燃烧速率较快，短时间内就会被消耗掉，因此挥发组分燃烧过程的反应动力学可以忽略不计。

（3）煤焦气化

挥发组分燃烧后，煤热解焦炭进一步气化，反应过程如式(5-6)～式(5-13)所示：

$$C + 0.5O_2 \longrightarrow CO \tag{5-6}$$
$$C + O_2 \longrightarrow CO_2 \tag{5-7}$$
$$C + H_2O \longrightarrow CO + H_2 \tag{5-8}$$
$$C + CO_2 \longrightarrow 2CO \tag{5-9}$$
$$C + 2H_2 \longrightarrow CH_4 \tag{5-10}$$
$$S + H_2 \longrightarrow H_2S \tag{5-11}$$
$$CH_4 + H_2O \longrightarrow CO + 3H_2 \tag{5-12}$$
$$CO + H_2O \longrightarrow CO_2 + H_2 \tag{5-13}$$

5.2.2 煤气化工艺建模

煤气模拟流程如图 5-3 所示，其中煤的热解过程基于 RYield 模块完成，挥发组分燃烧过程基于 RStoic 模块完成，半焦气化过程基于 RPlug 模块完成。

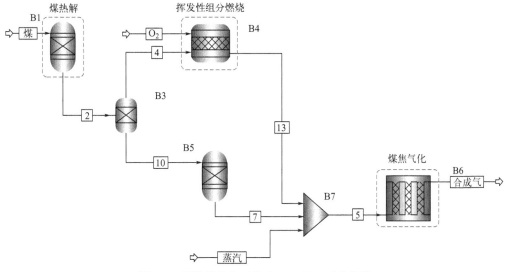

图 5-3 壳牌煤气化工艺 Aspen Plus 工艺流程

模拟中的常规组分（MIXED）包括 CH_4、H_2O、CO_2、H_2、O_2、H_2S、N_2、CO 和 COS 等，非常规组分（NC）包括煤粉和灰分，硫和碳为固体组分。非常规组分的焓和密度由 HCOALGEN 和 DCOALIGT 模块获得，采用 Peng-Rob 方程计算煤气化过程参数。

粗合成气首先在制冷机中冷却至 900 ℃以下，之后用于蒸汽过热和再加热，在余热锅炉、高压过热器和再热器中继续冷却至 340 ℃。经净化设备去除颗粒物和脱硫后的精制合成气，用作化学链制氢（chemical looping hydrogen generation，CLHG）系统中反应器和燃气轮机的补充燃料。

表 5-4 列出了煤气化工艺模拟后的主要物流结果。

表 5-4 煤气化工艺主要物流模拟结果

参数	煤	蒸汽	氧气	合成气
温度/K	303.15	303.15	303.15	1660.15
压力/MPa	5.06	5.06	5.06	5.06
MIXED				
流量/(t/h)	0	46.32	50.95	176.47
热焓/MW	0	−205.16	−0.13	−135.29
质量分数/%				
氮气	0	0	1	1
氧气	0	0	98	0
氩气	0	0	1	0.4
水	0	100	0	11.8

参数	煤	蒸汽	氧气	合成气
一氧化碳	0	0	0	70.7
二氧化碳	0	0	0	10.7
氧硫化碳	0	0	0	0.10
氨	0	0	0	0
硫化氢	0	0	0	1.10
二氧化硫	0	0	0	0
三氧化硫	0	0	0	0
氢气	0	0	0	4.20
甲烷	0	0	0	0
氯气	0	0	0	0
氯化氢	0	0	0	0
碳	0	0	0	0
硫	0	0	0	0
NC				
质量流量/(t/h)	92.64	0	0	13.44
热焓/MW	−312.11	0	0	−9.11
质量分数/%				
煤	100	0	0	34
灰分	0	0	0	66

5.3 化学链制氢工艺

5.3.1 化学链制氢工艺描述

图 5-4 给出了化学循环制氢 CLHG 系统，由 FR、AR、蒸汽重整三个反应器组成。气化炉产生的燃料气，同 Fe_2O_3/Al_2O_3 载氧体在 FR 中完全反应生成二氧化碳和水蒸气，前者可通过后者的冷凝实现捕获。该过程中，氧载体被还原为 FeO，之后在 SR 里与 H_2O 反应生成 H_2，自身被氧化成 Fe_3O_4。在 AR 中，贫氧烟气被分流到余热锅炉用于蒸汽发电，FeO 则同空气反应生成 Fe_2O_3。为达到二氧化碳的零能耗捕获和利用，最后将上述过程中产生的 CO_2 和 H_2 用于甲醇合成。

（1）FR

FR 的反应条件为 850～1050 ℃、1～30 atm[1]，采用鼓泡床反应器，Fe_2O_3/Al_2O_3 为载氧体，使合成气中的 CH_4、H_2 和 CO 燃烧生成 H_2O 和 CO_2，经分离干燥后得到相对纯净的 CO_2。FR 同时将 Fe_2O_3 还原为 FeO，经旋风分离器气固分离后，进入蒸汽重整反应器。式(5-14)～式(5-16) 为 FR 中涉及的反应：

$$Fe_2O_3 + CO \longrightarrow 2FeO + CO_2 \tag{5-14}$$

$$Fe_2O_3 + H_2 \longrightarrow 2FeO + H_2O \tag{5-15}$$

$$4Fe_2O_3 + CH_4 \longrightarrow 8FeO + CO_2 + 2H_2O \tag{5-16}$$

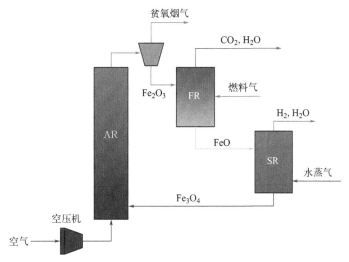

图 5-4 化学链制氢工艺流程

（2）SR

移动床反应器形式的 SR 反应条件为 600～900 ℃、1～30 atm，其中 FeO 与 H_2O 逆流接触反应。该过程中，H_2O 被还原为 H_2，通过微量污染物去除和水蒸气冷凝，得到纯度较高的 H_2。同时，FeO 氧化生成 Fe_3O_4。式（5-17）为 SR 中涉及的反应：

$$3FeO + H_2O \longrightarrow Fe_3O_4 + H_2 \tag{5-17}$$

（3）AR

移动床反应器形式的空气反应器内，来自 SR 的 Fe_3O_4 与高压压缩空气在湍流流态化状态下接触反应得到 Fe_2O_3，中间大量放热，所以导致 AR 的操作温度和压力分别达到 1050～1250 ℃和 0.1～3.0 MPa[1]。为了回收这部分热量，将燃烧室流出的高温烟气作为蒸汽发电的热源使用。产生的三氧化二铁，之后二次回至燃料反应器。式（5-18）为 AR 中涉及的反应：

$$4Fe_3O_4 + O_2 \longrightarrow 6Fe_2O_3 \tag{5-18}$$

5.3.2　化学链制氢工艺模拟

当前研究中存在大量对化学链燃烧进行模拟的文献，且多以 Aspen Plus 软件平台为工具进行研究。例如在国外，采用 Aspen Plus 工具，Cicconardi 等[2] 模拟了煤气化氢电联产一体化系统，发现蒸汽再热回注气化炉可大大减少发电厂的能量损失。Markström 等[3] 基于同样的软件系统，对多级化学链的燃烧过程进行了模拟。为证明模型的可靠性，Ong'iro[4] 将煤气化-蒸汽-热电联产装置的热力模拟结果与电厂实际运行数据进行了比较。基于 Aspen Plus，Sotudeh-Gharebaagh[5] 模拟了煤在循环流化床中的燃烧过程。在中国，徐越等[6] 针对干煤粉的气化过程进行了模拟，基于 Aspen Plus 的模拟工程中使用了 RStoic、RGibbs 和 RYield 等在内的众多反应器模块，最终干式煤粉气化炉的特性得到了较为精确的模拟。阳绍军等[7] 对焦炉煤气蒸汽重整制氢系统进行了模拟，流程基于化学链燃烧在 Aspen Plus 环境中建立。Zhu 等[8] 和诸林等[9] 研究了煤气化结合化学链空分制氧和 Ca 基循环捕集二氧化碳的工艺过程，发现在 Aspen Plus 中模拟的结果同文献值一致。总之，Aspen Plus 已成为化学链技术的可靠研究工具。

本章采用 Aspen Plus 模拟 CLHG 系统，由于 Redlich Kwong Soave Boston Mathias （RKS-

BM）方程被广泛用于模拟煤的化学链过程，因此选择该物性法计算 CLHG 系统的热力学性质。由于 FR 鼓泡床中具有十分复杂的流体动力学，所以我们建立了包含乳化/气泡相的两相模型。该模型中，气泡相平推流动，乳化相则全混合流动。接下来，全范围反应器被划成数个轴向级，其中两个平行的理想子反应器［连续活塞式酶反应器（PFR）和连续全混流酶反应器（CSTR）］组成了每个级结构[10]。除了级间关联，每一级（i）的两个子反应器间相互进行质量传递，使得 $i+1$ 级的浓度（以 CH_4 为例）发生如式(5-19) 和式(5-20)所示的变化：

$$CH_{4b(i+1)} = CH_{4bi} - K_{be} \times (CH_{4bi} - CH_{4ei}) \frac{H_{ti}}{U_b} \tag{5-19}$$

$$CH_{4e(i+1)} = CH_{4ei} - K_{be} \times (CH_{4bi} - CH_{4ei}) \frac{H_{ti}}{U_b} \left(\frac{\sigma}{1-\sigma} \right) \tag{5-20}$$

式中，K_{be}（3.31 s^{-1}）代表气乳两相间的总传质系数；U_b（0.46m/s）代表气泡相的表观气速；H_{ti} 代表第 i 级的高度，m。

在 SR 和 AR 均处于快速流态化状态的前提下，可以建立多个 CSTR 模型来等价氧化反应过程。CSTR 系列的数量由碳转化率决定，并且全部 CSTR 反应器的体积均相等，体积的总和等于反应器的整体容量。图 5-5 显示了这一模型的具体结构。

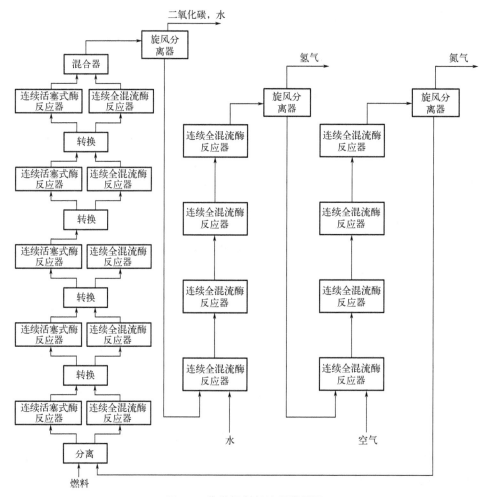

图 5-5 化学链制氢流程模拟图

上面流程对应的模拟结果见表5-5。

表 5-5　CLHG 系统主要物流模拟结果

参数	燃料	水蒸气	空气	二氧化碳	氢气	氮气
温度/K	1173.15	653.15	303.15	1173.15	1173.15	1273.15
压力/MPa	0.1	0.1	0.1	0.1	0.1	0.1
流量/(t/h)	207.60	134.84	310.48	387.31	15.09	251.31
热焓/MW	−161.67	−477.52	−0.03	−949.10	54.05	75.85
质量分数/%						
氮气	0	0	76	0	0	93
氧气	0	0	24	0	0	7
一氧化碳	83	0	0	0	0	0
二氧化碳	12	0	0	76	0	0
氢气	5	0	0	0	100	0
水	0	100	0	24	0	0
甲烷	0	0	0	0	0	0
碳	0	0	0	0	0	0
甲醇	0	0	0	0	0	0

5.4　余热回收系统

余热锅炉（heat recovery steam generator，HRSG），可以利用系统余热产生高压蒸汽，推动汽轮机发电，在燃气工业中有着广泛的应用。其一般由蒸发器、再热器、省煤器、过热器等部分组成，是一体化气化共循环系统的关键装备。在该系统中，高压水首先进入省煤器被预热至饱和温度，然后进入蒸发器达到饱和蒸汽的状态，最终在再热器中过热到要求的再热温度。因此，这是一个余热回收的过程。HRSG 的结构、性能和参数显著影响着整个系统和其他设备的性能，在优化整个系统和匹配关键子系统方面起着桥梁作用。此外，为了更好地分段回收其中的热量，HRSG 中的系统烟气通过不同的压力区间流动，由此提高热力学效率，降低散热[11]。

5.4.1　余热回收系统描述

在 CLHG 中，FR 排放的气体为合成气完全氧化后的二氧化碳和水，被送入燃气轮机发电机发电。AR 出口的气体由未反应的氮气和氧气组成，流入 HRSG 加热蒸汽，用于蒸汽涡轮发电机发电。为了更好地从燃气轮机烟气中回收热量，本文采用两级余热锅炉同时产生高低压蒸汽。余热锅炉的 10 排管子中，对半分安排循环高低压蒸汽。其中，低压循环换热器由三级低压过热器、低压蒸发器和低压省煤器组成。从废气中收集的热量用来产生蒸汽，然后用蒸汽发电机组发电。图 5-6 为低压和高压蒸汽循环流程。

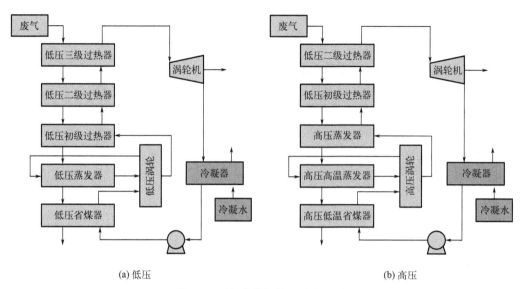

(a) 低压   (b) 高压

图 5-6 两级余热锅炉工艺流程图

5.4.2 余热回收系统模拟

图 5-7 为用 AspenPlus 构建的两级余热锅炉模型。在此过程中，分别使用 Valve、Pump、Compr、Flash 和 HeatX 模块模拟阀门、泵、透平机、分相器和热交换器。

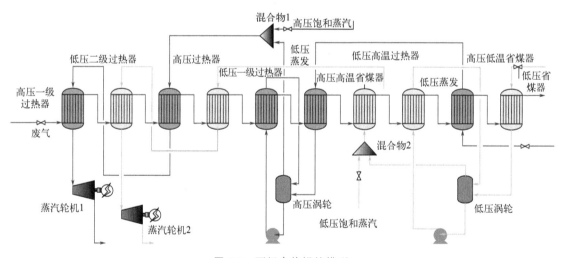

图 5-7 两级余热锅炉模型

表 5-6 列出了上述流程模拟得到的关键流股信息。

表 5-6 煤气化工艺主要物流模拟结果

参数	烟气进	饱和高压蒸汽	饱和低压蒸汽	中间高压蒸汽	中间低压蒸汽	烟气出	高压蒸汽出	低压蒸汽出
温度/K	834.64	378.15	378.15	662.29	516.71	427.04	814.15	772.15
压力/MPa	0.10	12.88	0.51	12.87	0.51	0.10	12.87	0.50

参数	烟气进	饱和高压蒸汽	饱和低压蒸汽	中间高压蒸汽	中间低压蒸汽	烟气出	高压蒸汽出	低压蒸汽出
流量/(t/h)	523.44	12.40	28.14	57.77	172.55	523.44	70.17	200.69
热焓/MW	−190.53	−53.72	−122.00	−207.98	−623.96	−257.51	−244.45	−696.23
质量分数/%								
氮气	67	0	0	0	0	67	0	0
氧气	14	0	0	0	0	14	0	0
氩气	1	0	0	0	0	1	0	0
水	7	100	100	100	100	7	100	100
二氧化碳	11	0	0	0	0	11	0	0

表 5-7 列出了上述流程模拟得到的电力信息。

表 5-7 煤气化工艺电力模拟结果

参数	透平 1	透平 2
电力输出/GW	16.93	38.93

5.5 二氧化碳催化加氢制甲醇工艺

5.5.1 工艺描述

二氧化碳催化加氢制甲醇（catalytic hydrogenation to methanol，CHTM）反应器，其原料二氧化碳从 FR 排出，氢气从 SR 排出。反应在 190～230 ℃范围内进行，采用固定床反应器形式，使用 Huš 等[12] 研究的 CZA-La50 催化剂。式(5-21)给出了 CHTM 的反应式。

$$CO_2 + 3H_2 \longrightarrow CH_3OH + H_2O \tag{5-21}$$

5.5.2 工艺模拟

图 5-8 给出了 CHTM 的模型，其中的催化加氢固定床反应器使用 RPlug 模块进行模拟。

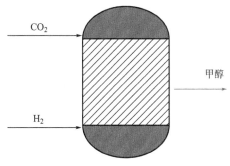

图 5-8 催化加氢模型

表 5-8 给出了上述流程模拟得到的关键物流信息。

表 5-8　煤气化工艺主要物流模拟结果

参数	二氧化碳	氢气	甲醇
温度/K	303.15	303.15	303.15
压力/MPa	1.01	1.01	1.01
混合物流			
流量/(t/h)	296.33	15.18	311.51
热焓/MW	−686.76	48.05	−660.28
质量分数/%			
二氧化碳	100	0	79
氢气	0	99	3
水	0	1	7

5.6　结果验证

上述模拟结果同 Zeng 等[13] 的实验值进行比较，以保证煤化学链过程联合循环发电系统模拟结果的准确性（表 5-9）。可见，同样条件下上述模拟结果与实验结果间仅存在 2.66%～5.68% 的相对偏差，所以本章所提的模拟方法是可靠的。

表 5-9　结果对比

参数	模拟值	实验值	相对偏差/%
煤的转化率	0.95	0.95	0.00
三氧化二铁的转化率	0.40	0.40	0.00
总净发电量/MW	48.48	50.30	3.62
低压蒸汽/MW	32.51	33.40	2.66
高压蒸汽/MW	15.94	16.90	5.68

本章小结

本章提出了由煤气化、化学链制氢、发电、二氧化碳催化加氢制甲醇四个步骤组成的煤化学链过程联合循环发电系统，并具体说明了其中每个步骤的内容。之后使用 Aspen Plus 模拟了这四个步骤，与文献中的实验结果进行了对比。结果表明，模拟与文献数据的相对偏差仅为 2.66%～5.68%，说明了模拟结果的准确性和方法的有效性[14,15]。

参考文献

[1]　Fan L，Li F，Ramkumar S，et al. Utilization of chemical looping strategy in coal gasification processes [J]. Partic-

uology，2008，6（3）：131-142.

［2］ Cicconardi S P，Perna A，Spazzafumo G，et al. CPH systems for cogeneration of power and hydrogen from coal ［J］. International Journal of Hydrogen Energy，2006，31（6）：693-700.

［3］ Markström P，Berguerand N，Lyngfelt A. The application of a multistage-bed model for residence-time analysis in chemical-looping combustion of solid fuel ［J］. Chemical Engineering Science，2010，65（18）：5055-5066.

［4］ Ong'iro A，Ugursal V I，Al Taweel A M，et al. Thermodynamic simulation and evaluation of a steam CHP plant using ASPEN Plus ［J］. Applied Thermal Engineering，1996，16（3）：263-271.

［5］ Sotudeh-Gharebaagh R，Legros R，Chaouki J，et al. Simulation of circulating fluidized bed reactors using ASPEN PLUS ［J］. Fuel，1998，77（4）：327-337.

［6］ 徐越，吴一亭，危师让. 基于 ASPEN PLUS 平台的干煤粉加压气流床气化性能模拟 ［J］. 西安交通大学学报，2003，37（7）：692-694.

［7］ 阳绍军，徐祥，田文栋. 基于化学链燃烧的吸收剂引导的焦炉煤气水蒸气重整制氢过程模拟 ［J］. 化工学报，2007，58（9）：2363-2368.

［8］ Zhu X，Shi Y，Cai N. Integrated gasification combined cycle with carbon dioxide capture by elevated temperature pressure swing adsorption ［J］. Applied Energy，2016，176：196-208.

［9］ 诸林，张政. 整合化学链空分制氧及 CCS 技术的煤气化制氢工艺模拟研究 ［J］. 现代化工，2015（7）：159-163.

［10］ Porrazzo R，White G，Ocone R. Aspen Plus simulations of fluidised beds for chemical looping combustion ［J］. Fuel，2014，136：46-56.

［11］ Mehrgoo M，Amidpour M. Constructal design and optimization of a dual pressure heat recovery steam generator ［J］. Energy，2017，124：87-99.

［12］ Huš M，Dasireddy V，Strah Štefančič N，et al. Mechanism，kinetics and thermodynamics of carbon dioxide hydrogenation to methanol on $Cu/ZnAl_2O_4$ spinel-type heterogeneous catalysts ［J］. Applied Catalysis B：Environmental，2017，207：267-278.

［13］ Zeng L，Cheng Z，Fan J A，et al. Metal oxide redox chemistry for chemical looping processes ［J］. Nature Reviews Chemistry，2018，2（11）：349-364.

［14］ Fan C Y，Cui Z，Wang J，et al. Exergy analysis and dynamic control of chemical looping combustion for power generation system ［J］. Energy Conversion and Management，2021，228：113728.

［15］ Tao Y，Tian W D，Kong L Q，et al. Energy，exergy，economic，environmental（4E）and dynamic analysis based global optimization of chemical looping air separation for oxygen and power co-production ［J］. Energy，2022，261：125365.

第 6 章

萃取法处理催化裂化含酚废水工艺设计

6.1 引言

含有苯酚废水的萃取法净化工艺，具有生产周期短、处理速度快、连续性强的优点。因此，本章设计了废水的萃取工艺，去除含酚废水中的污染物。其中，通过比较多种萃取剂的实际效果来进行合适萃取剂的筛选，并利用分子模拟软件从微观尺度分析有关萃取剂的萃取机理。开展稳态模拟和工艺优化设计，并动态分析了工艺的鲁棒控制方案，保证废水处理工艺流程的稳定性。

6.2 萃取剂的筛选

萃取物的筛选是萃取法处理废水的重要环节。分离效果因萃取剂的不同而不同，对经济性影响很大。萃取剂必须是高选择性、高萃取效率、易于回收再利用的溶剂。

6.2.1 油中除酚萃取剂的筛选

传统上利用强碱性和强酸性水溶液从石油混合物中分离酚类，然后经由特定化学反应去除酚类。这个过程中会导致大量酚类废水的产生，且过程装备会受到强酸和强碱的腐蚀[1]。所以，实际筛选酚类化合物萃取剂时，不断倾向于绿色溶剂，如离子液体等。

在 Hou 等[2] 的研究中，选取咪唑离子液体［Bmim］Cl 为萃取剂，从正己烷和苯酚模型油中萃取苯酚，以降低有机溶剂对环境的不利影响。实验结果表明，蒸馏［Bmim］Cl 和苯酚的混合物得到的再生［Bmim］Cl 可重复使用四次，酚提取率无明显降低。同时，［Bmim］Cl 成功分离了正己烷中的酚类化合物，酚的提取率达到 99%。Sidek 等[3] 为从模型油正己烷中脱除酚类化合物，分别采用乙烯基、苄基和芳基取代基的室温离子液体（room temperature ionic liquids，RTILs）为液-液萃取剂进行研究，发现最大去除率约为 95%。还使用其他类型的模型油（如石油醚、庚烷和环己烷）分析了 RTILs 去除石油中的苯酚的有效性，结果表明 RTILs 在循环 6 次后质量损失可以忽略不计，并仍具有良好的可萃取性和可回收性。Ji 等[4] 从石油混合物中萃取酚类化合物时，应用了三种咪唑基二元离子液体（imidazolium-based dicationic ionic liquids，DILs）。他们发现这些 DILs 的性能在 4 次循环后没有发生显著变化，说明其可以重复使用而不降低苯酚去除率。此外，分离过程在不到 5 min 的时间内完成，DILs 对苯酚的最大去除率为 96.60%。Jiao 等[5] 合成了能与苯酚形成低共熔溶剂的咪唑及其同系物作为一种新的萃取剂，用于分离煤焦油中的酚类物质，去除酚物质率高于 90%。

以上工作证明，咪唑类物质作为萃取剂可以非常有效地降低油中的酚类物质含量。与咪唑物理结构和化学性质相似的同系物吡唑，其活性高于咪唑。所以接下来作为对比，将一方面在微观水平上使用分子模拟手段分别揭示咪唑和吡唑与苯酚的作用机理，另一方面开展废水处理工艺的宏观流程模拟，以综合分析两种物质的萃取效果。

6.2.2　水中除酚萃取剂的筛选

废水中酚类化合物的有效去除，已成为目前环境化工研究领域的热点问题。萃取法处理废水中高浓度酚（＞3000 mg/L）为重要方法[6,7]，已发现多种具有高萃取效果的萃取剂，如二异丙醚[8]、重苯[9]、乙酸乙酯、苯和乙酸异丙酯等。

由于煤油具有同苯酚适宜的分配系数，且具有较好的生物相容性，因此 Jiang 等[10] 以煤油为萃取剂提取合成盐（100 g/L）与酸性（pH＝3）废水中苯酚，运用了混合溶剂萃取-两相膜生物降解工艺，操作温度为 30 ℃。Chen 等[11] 使用甲基丙酮作为萃取剂，结合实验测量和过程模拟分析了从煤化工废水中回收酚类化合物的流程，发现出自汽提塔底的煤化工废水中总酚浓度降低了 97.5%。Yang 等[12] 报道了 100 t/h 的煤气化废水处理工艺模拟结果，该工艺中酚类物质的萃取剂为甲基异丁基酮（methyl isobutyl ketone，MIBK）。当前，MIBK 被认为是一种很好的萃取溶剂，因为它能有效地从水中分离苯酚。但 MIBK 在对苯二酚等二氢酚类化合物中的分布系数较低。Chen 等[13] 在常压和 298.15 K/323.15 K 下测定了甲基丁基酮（methyl butyl ketone，MBK）的萃取效果，对象为 MBK＋苯酚＋水和 MBK＋对苯二酚＋水两种三元体系的液-液平衡。实验考察了 MBK 和 MIBK 的萃取性能，发现二者萃取水中苯酚的效率基本一样，但 MBK 萃取水中对苯二酚的效率更高，所以总体来看 MBK 是同时处理水中苯酚和对苯二酚的有效溶剂。Lv 等[14] 对常压水＋邻甲酚、间甲酚或对甲酚＋MBK 体系的液-液平衡数据进行了测定，定量分析了 MBK 对该物系的萃取效果，结果表明 MBK 对这一物系的萃取效果较为理想。

综上所述，本章使用 MBK 作为萃取剂，基于微观尺度上的分子模拟手段揭示 MBK 与苯酚的作用机理，并采用流程模拟手段研究工艺流程中 MBK 的萃取性能。

6.3　萃取剂的萃取机理

6.2 节的分析表明，咪唑和 MBK 分别是去除油和水中酚类的有效溶剂。本节在分子模拟程序中进行吡唑、咪唑和 MBK 三种萃取剂对苯酚的结构优化，在 B3LYP/6-311G（d，p）水平对优化后的结构进行频率分析，最终阐明这三种萃取剂与苯酚的作用机理。

通过分子模拟对比吡唑与咪唑对苯酚的萃取机理，证明了吡唑萃取剂的优势。同样分析了 MBK 对苯酚的萃取机理，说明了 MBK 对水中酚的有效去除效果。

6.3.1　油中除酚萃取剂的作用机理

（1）吡唑与苯酚的作用机理

BSSE 校正下的吡唑与苯酚相互作用能的计算结果表明，该值小于 100 kcal/mol，所以没有共价键[15]。电子密度分布可用来描述分子之间的相互作用。比如，基于电子密度和电子密度梯度检测实空间函数中非共价作用的约化密度梯度分析（reduced density gradient analysis，RDG）方法，可以将分子间存在的范德华力、氢键和位阻排斥力等弱作用区间展示出来[16]。基于电子分布分析的分子中原子理论（atom in molecule，AIM）是检测和表征氢键的重要方法[17]。图 6-1 给出了 RDG 和 AIM 分析吡唑和苯酚相互作用力的结果。

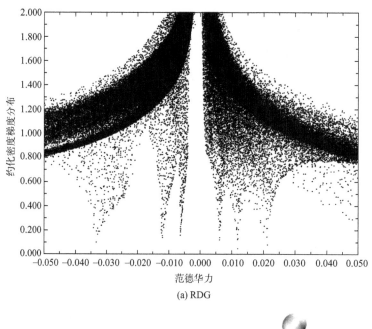

(a) RDG

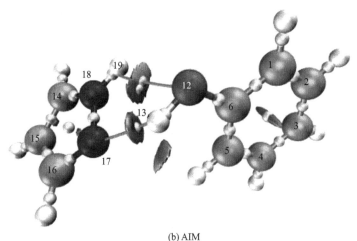

(b) AIM

图 6-1　吡唑和苯酚的相互作用图

图 6-1(a) 表示横轴为范德华力的吡唑/苯酚 RDG 函数图。其中，范德化力小于 0 表示

强吸引力，如氢键和卤素键等；范德华力等于 0 表示仅存在弱相互作用；范德华力大于 0 则表示斥力很强[18]。根据 AIM 理论发现，氢键临界点处的电子密度，位于 $-0.002 \sim -0.037$ 范围内，其拉普拉斯密度 $\nabla^2\rho(r)$ 处于 $0.024 \sim 0.139$ 的范围。图 6-1(a) 显示在 $-0.035 \sim -0.03$ 范围内存在尖峰（spike），说明有氢键存在于吡唑和苯酚间。图 6-1(b) 中苯环与吡唑五元环之间的梭形位置 [见图 6-1(a) 右侧的尖峰]，表现为较强的位阻效应；12 和 19 之间区域表现为弱相互作用 [见图 6-1(a) 中间的尖峰]，以范德华力为主；17 和 18 之间位置表示氮原子与苯酚羟基之间存在强的 N—HO 氢键 [见图 6-1(a) 左侧的尖峰]。由于临界点和成键路径存在于吡唑与苯酚间，所以定量分析了其间的氢键大小，列于表 6-1 中。

表 6-1　吡唑与苯酚氢键的 AIM 参数

交互作用分子	电子密度 (ρ)	$\nabla^2\rho(r)$	氢键键能/(kJ/mol)
O12H13-N17	0.034	0.10	-35.11
N18H19-O12	0.012	0.05	-11.30

由上表可以看出，分子相互作用的 $\nabla^2\rho(r)$ 范围是 $0.024 \sim 0.139$，但 O12H13-N17 的作用大于 N18H19-O12，因此 OH—N 氢键的较强作用决定了萃取剂对溶剂的萃取能力。作为辅助氢键，N18H19-O12 也有利于吡唑的萃取。

（2）咪唑与苯酚的作用机理

在 6.2.1 节的分析中发现吡唑具有与咪唑一致的萃取性能，故下面分析咪唑对苯酚的作用机理，说明其作为萃取剂的适宜性。

BSSE 校正下的咪唑与苯酚相互作用能计算结果表明，其值为 -9.37 kcal/mol，小于 100 kcal/mol，所以没有共价键。图 6-2 给出了咪唑与苯酚相互作用的 RDG 和 AIM 分析结果。

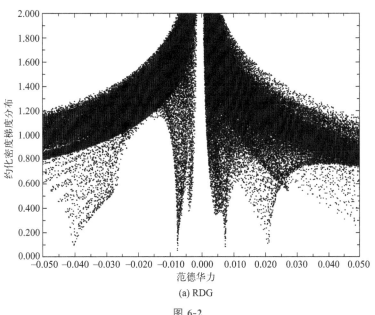

(a) RDG

图 6-2

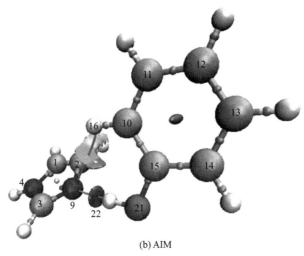

(b) AIM

图 6-2 咪唑与苯酚的相互作用图

图 6-2(a) 给出了咪唑和苯酚的 RDG 图，其含义见图 6-1 相关描述。由 AIM 理论可知有氢键存在于咪唑与苯酚之间，因为这一物系在 $-0.005 \sim -0.010$ 的横轴范围内有一个尖峰。图 6-2(b) 的苯环与咪唑五元环之间的梭形位置［见图 6-2(a) 右侧的尖峰］，显示出较强的位阻效应；2 和 16 之间位置［见图 6-2(a) 中间的尖峰］表现为弱相互作用，以范德华力为主；9 和 22 之间位置［见图 6-2(a) 左侧的尖峰］表示氮原子与苯酚羟基之间有强的 N—HO 氢键存在。由于咪唑与苯酚之间存在键路径和临界点，表 6-2 给出了 Gauss 软件对氢键大小的分析结果。

表 6-2 咪唑和苯酚中氢键的 AIM 参数

交互作用分子	电子密度(ρ)	$\nabla^2\rho(r)$	氢键键能/(kJ/mol)
C10H16-N9	0.0038	0.019	-4.33
O21H22-N9	0.030	0.098	-33.92

由表 6-2 可见，$\nabla^2\rho(r)$ 位于 $0.024 \sim 0.139$ 范围内的仅是 O21H22-N9，因此咪唑和苯酚的相互作用是由 OH—N 氢键主导的。加上 -33.92 kJ/mol 的氢键能数值，可以证明咪唑与苯酚间的强氢键更有利于萃取的进行。

综合这些可知，咪唑、吡唑分别同苯酚间存在氢键，键能值等于 -33.92 kJ/mol 和 -35.11 kJ/mol。但后者之间同时存在着键能为 -11.30 kJ/mol 的辅助氢键。所以总体来看，吡唑在性能上要优于咪唑对苯酚的萃取效果。

6.3.2 甲基丁基酮与苯酚的作用机理

BSSE 校正计算结果表明，MBK 和苯酚体系的相互作用能为小于 100 kcal/mol 的 -10.32 kcal/mol，故没有共价键。在初步分析中，它们分子间存在氢键，图 6-3 给出了用 RDG 和 AIM 分析其间相互作用力的结果。

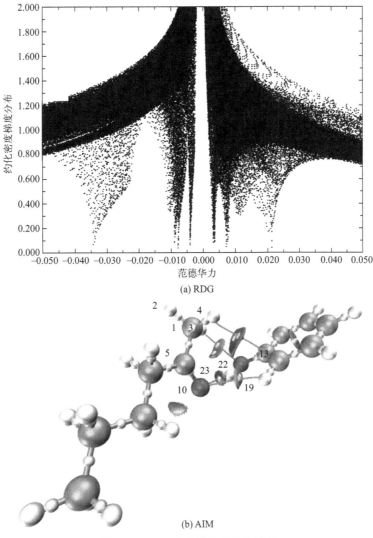

(a) RDG

(b) AIM

图 6-3 MBK 和苯酚的相互作用图

由图 6-3(a) 以及结合 AIM 理论可以看出，MBK 和苯酚间有氢键存在（系统的横轴在 −0.035 左右显示尖峰）。图 6-3(b) 中，苯环中心的梭形位置 ［见图 6-3(a) 右侧边缘的尖峰］，显示出较强的位阻效应；4 和 13 之间等区域表现为弱相互作用 ［见图 6-3(a) 中间的尖峰］，以范德华力为主；22 和 23 之间显示为较强的氧原子与酚羟基的 O—HO 氢键 ［见图 6-3(a) 左侧的尖峰］。由上分析可知，MBK 与苯酚之间存在键路径和临界点，表 6-3 给出了 Gauss 软件对这些氢键的分析结果。

表 6-3　MBK 和苯酚中氢键的 AIM 参数

交互作用分子	电子密度(ρ)	$\nabla^2\rho(r)$	氢键键能/(kJ/mol)
O22H23—O10	0.034	0.11	−37.08
C1H3—O22	0.0088	0.030	−7.09
C13H19—O10	0.0077	0.026	−6.24
C1H4—C13	0.0039	0.012	−2.34

由表 6-3 可见，前三个相互作用分子具有 0.024～0.139 内的 $\nabla^2\rho(r)$ 值，但从氢键能来看第一个的最高，所以萃取性能是由这个氢键能所决定的。该氢键能的量级为 -37.08 kJ/mol，此外第二和第三个相互作用分子的 CH—O 辅助氢键也具有 -7.09 kJ/mol 和 -6.24 kJ/mol 的键值，上述两方面共同确保了 MBK 的良好萃取性能。

6.4　废水处理流程设计与优化

来自催化裂化工艺中主分馏塔的切水和冲洗水构成了本章研究的废水来源。在废水处理中，主要考虑对占比较大的挥发性酚类和油脂类的移除，忽略含量较少的复杂生物和沉积物。有许多不同类型的挥发性酚，如二甲酚、甲酚、苯酚等。但是，在模拟中考虑所有的挥发性酚会增加计算复杂度，降低精度。因此为了简便起见，本节以某些明确组分近似实际的复杂组分，如油类物质由辛烷代表，挥发酚由苯酚代表等。然后，针对废水中典型污染物的种类和含量，设计了对应处理流程，并对其进行优化。

6.4.1　废水处理流程描述

图 6-4 为利用流程模拟软件所设计的废水处理流程，设计中充分考虑了废水中代表性物质的组成。

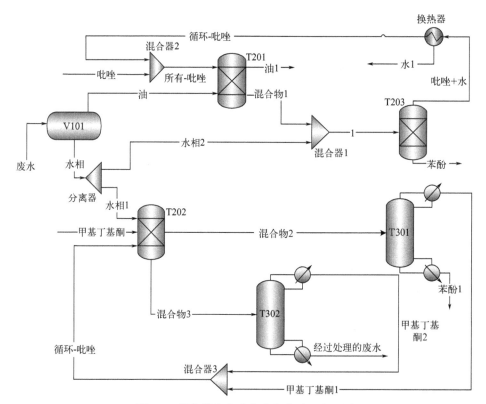

图 6-4　催化裂化含油含酚废水处理流程图

该流程中，常态下的废水（流量为 130 t/h，含有 3.55 g/L 的苯酚和 7.33 g/L 的油）进入油水分离器 V101，被分离为上油相和下水相两相。苯酚易溶于油，所以它处于油相中。

通过萃取塔 T201 以吡唑为萃取剂，分离油中的苯酚。T201 塔釜流出苯酚和吡唑的混合物 1，塔顶流出去掉苯酚的油 1。由于苯酚难溶于水而吡唑易溶于水，所以水被用作反萃取剂。部分水相经由分离器和混合器送至 T203，实现吡唑在 T203 中的反萃取重复使用；其余部分水相采用萃取塔 T202 与 MBK 进行逆流萃取，去除水中酚类物质。T202 塔顶排放的混合物 2 为萃取剂 MBK 与苯酚的混合物，塔底排放的混合物 3 为处理过的废水。混合物 2 在精馏塔 T301 中分离为 MBK 和苯酚，之后塔顶馏出的萃取剂 MBK1 在进入 T202 前与补充萃取剂混合（混合器 3），粗酚（苯酚 1）则直接从塔底部抽出。最后，精馏塔 T302 进一步处理仍含有少量萃取剂的废水。由上可知，该工艺能够去除废水中的油脂和酚类物质，不仅满足萃取剂循环利用的要求，由于使用了反萃取剂废水，故还具有以废治废的绿色化工特点。

6.4.2　流程模拟与优化

对上述流程进行建模时，以 Flash2 模块模拟油水分离器 V101，RadFrac 模块模拟精馏塔 T301 和 T302，Extract 模块模拟萃取塔 T201、T202 和 T203，Heater 模块模拟热交换器，FSplit 和 Mixer 模块分别模拟分支器和汇合器，使用 NRTL 全局物性计算模型。

因为能耗较高，所以对精馏塔 T301 和 T302 进行热负荷优化分析。首先，通过设计规定设置处理后废水中水的质量分数为 0.999948，粗酚中苯酚的质量分数为 1。然后，研究理论板数、进料位置和进料温度对两精馏塔热负荷的影响，如图 6-5～图 6-7 所示。

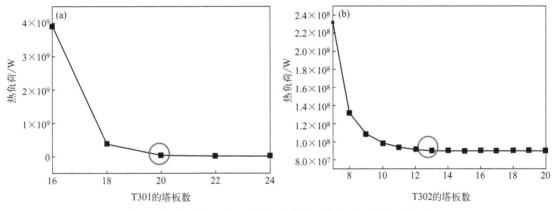

图 6-5　精馏塔 T301(a) 和 T302(b) 理论板数与热负荷关系图

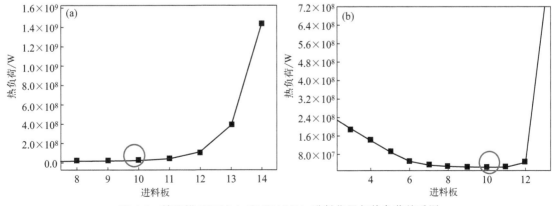

图 6-6　精馏塔 T301(a) 和 T302(b) 进料位置与热负荷关系图

从两图可以看出，在处理废水排放的水质量维持不变时，虽然理论塔板数的增加将大大降低热负荷，但同时也会增加固定投资成本。同时，T301 的理论板数高于 20 块之后，热负荷受理论板数量的影响不再明显，故将 20 设置为其理论板数。同样，T302 的理论板数设为 13。下面在这些理论板数一定的情况下，进一步研究进料位置与热负荷的定量关系。

图 6-6(a) 和（b）分别给出了精馏塔 T301 和 T302 的热负荷受进料位置的影响关系。可以看出，对于精馏塔 T301，采用第 10 块理论板进料时达到要求分离效果的热负荷最低，故将第 10 块理论板选为进料位置较为合适。以此类推，将第 10 块理论板设置为精馏塔 T302 的进料板也比较合适。

热公用工程的使用将导致过多二氧化碳的排放，形成环境污染，故需要通过在加热物流和冷却物流间交换热量来减少公用工程的使用。上述废水处理工艺所需的公用工程情况如表 6-4 所示。

表 6-4　废水处理流程的公用工程

单元设备	温度/ ℃	公用工程
T301 冷凝器	91.72	冷却水
T301 再沸器	182.64	高压蒸汽
T302 冷凝器	79.02	冷却水
T302 再沸器	97.38	低压蒸汽

从表 6-4 可以看出，冷却水移出热量，而高、低压蒸汽提供热量。T302 中，低压蒸汽为再沸器的供热介质，冷却水为塔顶冷凝器的冷却介质。T301 的塔顶冷凝也采用冷却水为换热介质，但其再沸器使用高压蒸汽加热，因为酚沸点更高些。

图 6-7 给出了精馏塔热负荷受进料温度的影响情况。

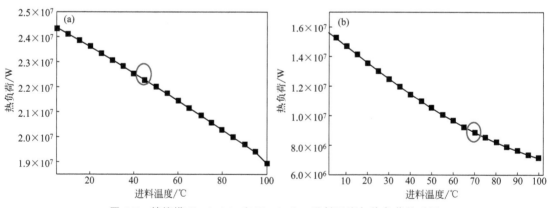

图 6-7　精馏塔 T301（a）和 T302（b）进料温度与热负荷关系图

图 6-7 显示，T301 热负荷与进料温度成反比，加上对装备中换热能力和材质的综合考虑，最终将 45 ℃设为进料温度。以此类推，T302 的供料温度设置为 70 ℃比较适宜。增加三个热交换器，强化各冷热物流间的换热。两个中间换热器（换热器 2 和换热器 3）用于T302 的底部物流依次为精馏塔 T301 的进料和精馏塔 T302 的进料预热；另外一个中间换热

器 1 用于 T301 塔釜物流（183 ℃）对精馏塔 T302 塔顶物流的加热，这样既降低了产物酚的温度，又节约了热公用工程。优化后的流程如图 6-8 所示。这一换热优化方案，使冷热公用工程用量得到降低，还提高了物流之间的能量交换，这对工业实践中双碳目标的实现做出了贡献。

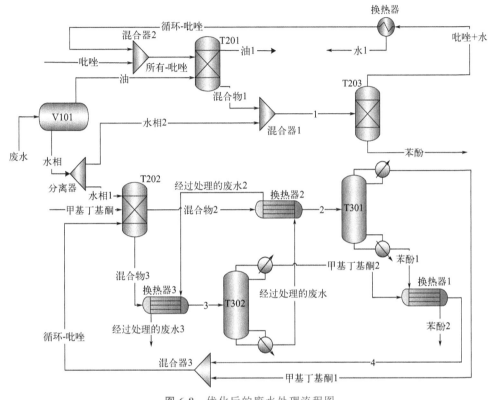

图 6-8　优化后的废水处理流程图

6.4.3　废水处理效果分析

　　经过上面的废水处理工艺，油水分离器分离废水，轻相的油流进萃取塔 T201 进行逆流萃取。模拟得到的萃取结果如表 6-5 所示。

表 6-5　含酚的油进入萃取塔萃取后的模拟结果

组分	质量流量/(kg/h)			质量分数/%		
	进料	塔顶物流	塔釜物流	进料	塔顶物流	塔釜物流
苯酚	1.88×10^2	3.69	1.94×10^2	16.50	0.39	65.60
水	4.49	2.89×10^{-5}	3.34×10^1	0.39	3.04×10^{-6}	11.00
油	9.48×10^2	9.48×10^2	3.11×10^{-5}	83.00	99.50	1.05×10^{-5}
吡唑	0	1.03	6.83×10^1	0	0.11	23.00

　　如表 6-5 所示，萃取塔入口的苯酚质量分数为 16.50%，质量浓度为 125.99 g/L。经过

萃取，塔顶物流油1中苯酚质量流量和质量分数分别为2.78 g/L和0.39%，油的质量流量和质量分数分别为713.02 g/L和99.50%；塔釜物流混合物1中苯酚的质量流量和质量分数分别为723.34 g/L和65.60%，油的质量流量和质量分数分别为0.12 mg/L和1.05×10^{-5}%。此外，从体积流量上来看，进出萃取塔的物料流量分别为1.49 m³/h（进料）、1.33 m³/h（塔顶出料）和0.27 m³/h（塔釜出料）。因此，油中酚的萃取率高达97.80%。

表6-6给出了T203中水对吡唑和苯酚的反萃取模拟结果。

表6-6　反萃取模拟结果

组分	质量流量/(kg/h)			质量分数/%		
	总萃取剂	塔顶物流	塔釜物流	总萃取剂	塔顶物流	塔釜物流
苯酚	9.33	1.10×10^1	1.83×10^2	8.67	9.93	98.00
水	2.89×10^1	3.40×10^1	3.90×10^{-1}	27.00	31.00	0.21
油	2.63×10^{-5}	3.09×10^{-5}	1.58×10^{-7}	2.44×10^{-5}	2.80×10^{-5}	8.52×10^{-8}
吡唑	6.94×10^1	6.56×10^1	2.75	65.00	59.00	2.00

基于吡唑和苯酚的物化属性分析可知，可在T203中以废水为反萃取剂来分离吡唑和酚，因为吡唑易溶于水，而苯酚在室温下难以溶解。表6-6中给出的结果证明了这种反萃取过程的有效性。通过体积流量分析可以看出，由再生萃取剂和新鲜萃取剂组成的总萃取剂的流量为0.10 m³/h，T203塔顶和塔底的流量分别为0.11 m³/h和0.17 m³/h，由此可以得到该塔进料和塔顶物流中吡唑的浓度分别为667.08 g/L和613.08 g/L，达到了91.91%的吡唑回收率。

上面所有的模拟结果证明，本章所提方法处理废水中的杂质油是非常有效的。所以，除油后的含酚废水通过萃取塔T202，进一步移除废水中的苯酚，所用的萃取剂为MBK。为了循环利用萃取剂和进一步净化废水，T202的塔顶和塔釜物流分别进入精馏塔T301和T302。表6-7给出了这两个精馏塔的模拟结果。

表6-7　废水中处理苯酚的模拟结果

组分	质量流量/(kg/h)		质量分数/%	
	T302得到的废水	T301得到的粗酚	T302得到的废水	T301得到的粗酚
苯酚	6.65	1.95×10^2	5.18×10^{-3}	100.00
水	1.29×10^5	5.13×10^{-24}	99.99	2.63×10^{-24}
油	1.28×10^{-8}	9.75×10^{-22}	9.93×10^{-12}	4.99×10^{-22}
吡唑	3.41×10^{-15}	4.00×10^{-6}	2.65×10^{-18}	2.05×10^{-6}

经过模拟发现，最后排出的废水体积流量为139.53 m³/h，其中苯酚的质量流量为6.65 kg/h，由此可以计算出酚的质量浓度为47.69 mg/L。由于原废水中苯酚的质量浓度为3550 mg/L，所以酚的去除率高达98.66%。并且，最后废水中水的质量分数已达99.99%，

因此达到了很好的废水处理效果。

最后，表 6-8 给出了增加 3 个热交换器前后这一工艺的换热和碳排放情况。

表 6-8　流程优化的效果对比

参数	优化前		优化后	
	T301	T302	T301	T302
热负荷/MW	23.60	13.60	20.90	11.00
公用工程费用/($ /h)	212.40	92.88	187.92	75.24
CO_2 排放量/(t/h)	5.59	3.21	4.94	2.60

由上述优化数据可见，热负荷降低了 5.3 MW，公用工程成本下降了 42.12 $ /h （368971.20 $ /a）。同时，可减少 CO_2 排放量 1.26 t/h （1.11×10^4 t/a）。所以，这一换热优化方案，强化了热量在物流间的充分交换，在保障同等废水处理质量的情况下，降低了能耗和成本。上述废水处理工艺中的某些参数，比如废水流量、废水中苯酚浓度等，实际生产中可能因为误操作、外界波动等而变化，所以下一节将动态模拟上述废水处理流程，分析工艺抗干扰的能力。

6.5　废水处理流程的动态控制

6.5.1　动态模拟参数设置

与稳态模拟的信息驱动模式不同，动态模拟采用压力驱动模式运行。所以，动态模拟中需要添加物理尺寸和安装信息等数据[19]。塔作为最重要的单元设备，其水力学数据通常在稳态模拟结果中获得，塔直径、回流罐的直径和高度、塔板上的堰高和压降等可以在塔板尺寸模块中获得。此外，为方便压力分布计算，还需要为阀门和泵设定合适的压降。设置的具体设备尺寸等数据如表 6-9 所示。

表 6-9　动态模拟的主要设备参数

单元设备	直径/mm	高度/mm	压强/MPa	温度/℃
V101	4170	8350	0.10	25.00
T201	4170	8350	0.10	30.00
T202	5170	10350	0.10	20.00
T203	2010	4030	0.10	30.00
T301 底料罐	1020	2050	0.10	91.72
T301 回流罐	3710	7410	0.10	91.72
T302 底料罐	1020	2050	0.10	79.02
T302 回流罐	3710	7410	0.10	79.02

6.5.2 控制方案的设计

动态信息补充完毕后，就可以将稳态模拟工程导出到动态模拟系统中，导出模式为压力驱动。引入动态时，一些控制器会被动态模拟系统根据需要自动添加进去，包括 T201 和 T202 的塔釜液位控制器、T301 顶部压力控制器和塔釜液位控制器、T302 顶部压力控制器和塔釜液位器。废水处理流程在它们的控制下运行一个小时后，人为增加/降低 10% 的废水供应流量，以考察系统面对外界波动时的稳定性。图 6-9 为该过程中油水分离器液位的变化情况。

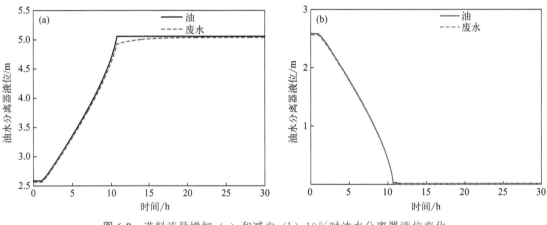

图 6-9 进料流量增加（a）和减少（b）10% 时油水分离器液位变化

由于油水分离器未设置液位控制器，所以当供水量增加 10% 后，液位几乎增加一倍。但液位过高，会导致油箱内石油溢流引发火灾或者爆炸的严重生产事故。反之，若减少 10% 的供水量，油水分离器液位会随着时间的推移而下降，超过 10 h 后空罐，导致爆炸等安全问题。考虑到以上的安全隐患，有必要增加油水分离器液位控制器。图 6-10 给出了配置液位控制器时，油水分离器液位和分离的油水两相排放量受增加或降低 10% 废水量的影响情况。

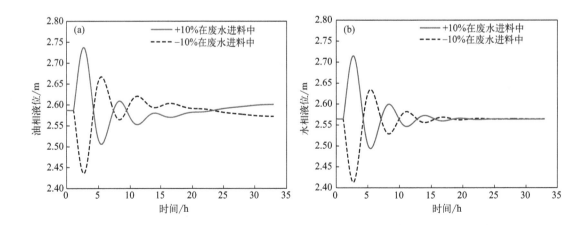

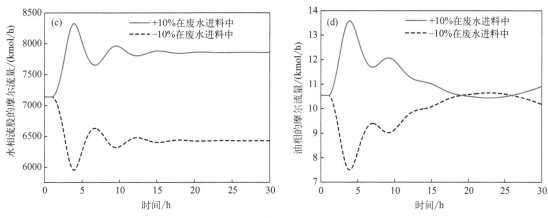

图 6-10　废水进料量变化对油水分离器液位（a）、（b）和出料摩尔流量（c）、（d）的影响

　　图 6-10(a) 和（b）分别表示在配备液位控制器的情况下改变供水量 10％时，油水分离器两相液位的波动过程，图 6-10(c) 和（d）则给出了两相出料的流量变化情况。如图 6-10 中的曲线所示，控制器通过调节两个排液阀的大小使油水分离器的液位保持在正常范围内，液位控制器在面对不断变化的废水供应时，能够满足稳定运行的要求。接下来分析萃取塔 T201，其包含油相界面、萃取剂和被萃取物界面，它们在增加或减少 10％废水注入量情况下的波动过程见图 6-11。

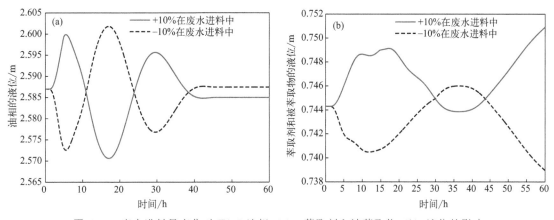

图 6-11　废水进料量变化对 T201 油相（a）、萃取剂和被萃取物（b）液位的影响

　　由于动态引入时系统自动添加了 T201 液位控制器，所以当供水量有 10％的提高时，在控制器作用下，塔内水位先上升后下降，后期以正弦减振波的形式渐渐回至与水位初始稳定值基本相同。当进水量有 10％的减少时，由于传感器对水位感知具有一定的滞后，所以水位先下降后上升，经过正弦波后，恢复稳定在初始值附近。通过以上现象，可以证明液位控制器的控制效果很好，如图 6-11(a) 所示。T201 混合液的液位在供水量有 10％改变时的波动过程如图 6-11(b) 所示。可见，在增加 10％供水量的情况下，混合液的液位总体呈上升趋势，虽然中间也经历了上升、下降、再上升的一系列过渡状态，最后直到液位过高而溢出，可能导致火灾或爆炸。如果注水量减少 10％，混合物的液位会下降，然后上升后又下

降，继续下降导致液位不稳定，可能会出现因干塔而导致的爆炸等严重事故。因此，添加混合物液位控制器是十分有必要的，以保证萃取塔的稳定运行。图 6-12 显示了添加控制器后的模拟结果。

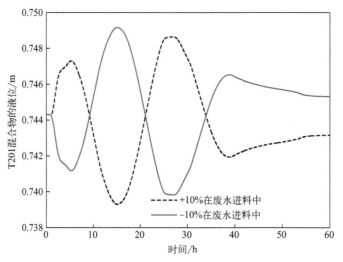

图 6-12　控制器控制下 T201 混合物液面的变化情况

从图 6-12 可以看出，添加 T201 液位控制器后，尽管废水的供应流量发生了变化，但塔混合物液位在该控制器的控制下，逐渐恢复了稳定运行。所以，这一控制器的配置，能够有效控制工艺参数平稳运行，减小事故发生的概率。考虑到废水处理工艺的重要设计指标是将酚和油从废水中去除，因此下面研究产品纯度的动态变化情况。

图 6-13 为供水量有 10% 波动时，出料油中苯酚含量在控制器作用下的变化情况。可以看出，维持萃取剂的用量不变，改变注入水量会影响产品流的纯度。据此，在废水和萃取剂间增加比例控制器，重新分析产品的流量和纯度（图 6-14）。

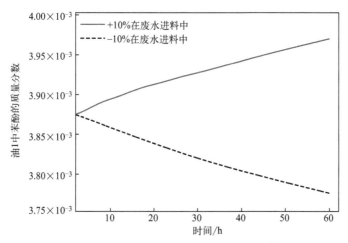

图 6-13　产品油中苯酚的质量分数随废水进料流量的变化情况

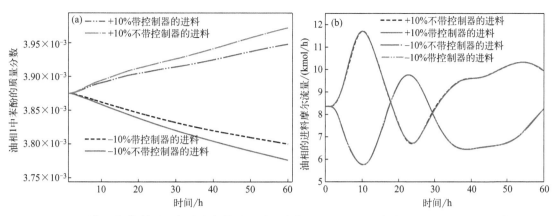

图 6-14　添加比例控制器后产品油中苯酚的质量分数（a）和油相进料摩尔流量（b）的变化情况

　　通过添加比例控制器，萃取剂的流量随注入的废水量而变化。图 6-14（a）表明，在有比例控制器的情况下，相对于废水供应流量的变化，产品中各组分质量分数的变化较小。图 6-14（b）表明，比例控制器对产品流的排放量影响很小，经过一定的波动后，最终趋于稳定。图 6-15 给出了最后废水流量和组成受供水量的影响情况。

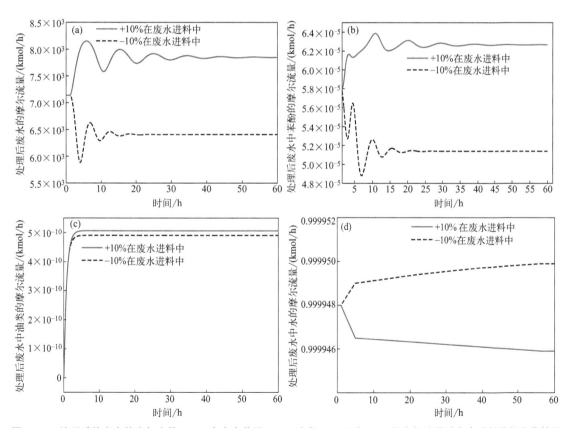

图 6-15　处理后的废水的摩尔流量（a），废水中苯酚（b）、油类（c）和水（d）的摩尔流量随废水进料量的变化情况

　　图 6-15 显示了通过现有控制系统，在 1 h 增加或降低废水流量后，各参数的变化情况。可以看出，通过设置流量和液位控制器，虽然有效控制住了最后废水的流量，但废水纯度受

供水量影响较大，不利于保持出水质量的稳定性。我们由此在废水进料和 MBK 进料之间增加了一个比例控制装置，因为比例控制有助于保持产品的纯度。图 6-16 给出了各参数此时随待处理废水供水量的变化情况。

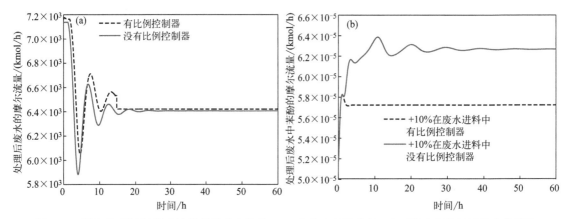

图 6-16　添加比例控制器后被处理的废水流量（a）和其中苯酚含量（b）随废水进料量的变化情况

图 6-16(a) 表明，废水进料量减少 10% 时，在设置了比例控制器后，废水给料量变化对排水回到正常出料量的时间影响更小，从而减少了出料量的变化。而且，有控制器的出料量最小值大于无控制器的情形，说明工艺受干扰程度较低，具有较强的鲁棒性。同时，由图 6-16(b) 可以看出，有比例控制器时，产品纯度波动较小，其最大值较无控制器时更小，这意味着工艺受干扰幅度小，具有较好的鲁棒性。

总之，在所设计控制器的作用下，废水处理工艺显著减少了废水中苯酚的含量，且保持工艺稳定运行。

6.5.3　温度安全控制

废水处理工艺中配置了两座蒸馏塔，其运行安全与塔的温度和压力密切相关。该工艺的稳态模拟转动态模拟时，两座塔都自动增加了压力控制器，故下面只分析塔温的波动情况，如图 6-17 所示。

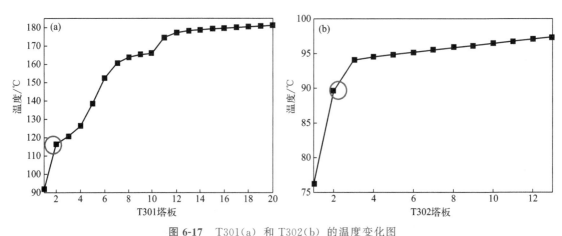

图 6-17　T301(a) 和 T302(b) 的温度变化图

图 6-17 显示,两塔的灵敏板均为第二块塔板,其上的温度分别为 118.14 ℃ 和 89.58 ℃。所以,我们设置温度控制器,测量第二塔板的温度,控制再沸器的热量输入,从而使整个塔的温度保持在正常范围内。两塔各增加一个温度控制器后,温度的动态模拟结果如图 6-18 所示。

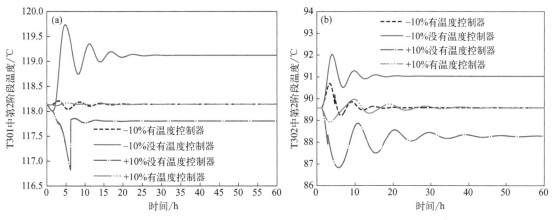

图 6-18 温度控制器对 T301(a) 和 T302(b) 的控制效果

在 1 h 增加或降低 10% 进水量后,塔 T301 和 T302 内的温度变化分别如图 6-18(a) 和 (b) 所示。可见,如果不增加温度控制器,仅在原有的控制器作用下,塔内的温度变化将不会回到设定值。而在有温度控制器的情况下,塔内温度受供水量影响较小,且温度最终都回到了设定值,这些都证明了这一控制方案的安全性和有效性。图 6-19 给出了最后确定的动态控制方案。

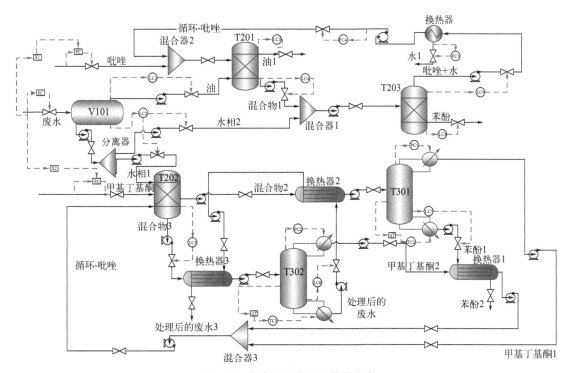

图 6-19 废水处理流程的控制方案

从图 6-19 可以看出，为了达到废水处理工艺安全稳定运行的目的，增加了流量控制器，用于控制物流流量；增加了液位控制器，通过改变出料量，可以控制塔内或罐内的液位，防止出料量等参数的突然变化而引起塔内或罐内的冒顶或者干塔；增加了比例控制器，当外界波动时，可以根据控制器中设定的萃取剂与进水量的比例，自动调节萃取剂量，从而保持萃取效果，使产品纯度保持在正常范围内；增加了温度控制器，通过控制精馏塔的灵敏板温度确保塔的平稳操作。

本章小结

本章首先研究了实验方案中萃取剂的选择问题。选取与咪唑物化性质相似的吡唑以及 MBK 作为萃取剂，分别去除油中和水中的酚类物质。然后，利用分子模拟手段研究萃取剂的萃取机理，发现萃取剂与苯酚之间的氢键强化了萃取效果，同时其他辅助氢键也助力提高了萃取率。之后，以废水组成为导向开发了废水处理工艺，在优化运行参数的基础上设计了冷热物流的进一步换热方案，实现对设计工艺流程的模拟和优化。模拟结果显示，最后废水中水含量高达 99.99%，水中苯酚去除率为 98.66%；最后粗酚产品的油质率高达 99.50%，油中的苯酚的提取率为 97.75%；工艺热负荷降低 5300 kW，减少二氧化碳排放量 1261 kg/h，水电费下降 368971.20 \$/a。因此，优化后的工艺可以在保证加工效率的同时提高经济效益。最后，采用动态仿真验证了过程的稳定性，发现在附加控制器的作用下，废水处理流程对外部扰动呈现出很好的鲁棒性。

本章将化工过程模拟和微机理分析结合提出的多尺度建模方法，用于含酚废水处理工艺的设计及其机理分析。工艺设计思路也可用于处理其他含酚废水[20]，为提高废水治理成效和经济性创新思路和提供参考。

参考文献

[1] Jimenez-Herrera S，Ochando-Pulido J M，Martinez-Ferez A. Comparison between different liquid-liquid and solid phase methods of extraction prior to the identification of the phenolic fraction present in olive oil washing wastewater from the two-phase olive oil extraction system [J]. Grasas Y Aceites，2017，68 (3)：e208.

[2] Hou Y，Ren Y，Peng W，et al. Separation of phenols from oil using imidazolium-based ionic liquids [J]. Industrial & Engineering Chemistry Research，2013，52 (50)：18071-18075.

[3] Sidek N，Manan N S A，Mohamad S. Efficient removal of phenolic compounds from model oil using benzyl imidazolium-based ionic liquids [J]. Journal of Molecular Liquids，2017，240：794-802.

[4] Ji Y，Hou Y，Ren S，et al. Highly efficient separation of phenolic compounds from oil mixtures by imidazolium-based dicationic ionic liquids via forming deep eutectic solvents [J]. Energy & Fuels，2017，31 (9)：10274-10282.

[5] Jiao T，Li C，Zhuang X，et al. The new liquid-liquid extraction method for separation of phenolic compounds from coal tar [J]. Chemical Engineering Journal，2015，266：148-155.

[6] Ni H Q，Dong J，Shi J J，et al. Ionic liquid as extraction agent for detection of volatile phenols in wastewater and its regeneration [J]. Journal of Separation Science，2010，33 (9)：1356-1359.

[7] Lei Y，Chen Y，Li X，et al. Liquid-liquid equilibria for the ternary system 2-methoxy-2-methylpropane + phenol + water [J]. Journal of Chemical & Engineering Data，2013，58 (6)：1874-1878.

[8] Mikhaleva M S，Egutkin N L. About the extraction mechanism of phenol from water solutions by diisopropyl ether [J]. Bashk Khim Zh，2008，15 (2)：168-170.

[9] Martin A, Klauck M, Taubert K, et al. Liquid-liquid equilibria in ternary systems of aromatic hydrocarbons (toluene or ethylbenzene) + phenols+ water [J]. Journal of Chemical & Engineering Data, 2010, 56 (4): 733-740.

[10] Jiang R S, Huang W C, Hsu Y H. Treatment of phenol in synthetic saline wastewater by solvent extraction and two-phase membrane biodegradation [J]. Journal of hazardous materials, 2009, 164 (1): 46-52.

[11] Chen Y, Xiong K, Jiang M, et al. Phase equilibrium measurement, thermodynamics modeling and process simulation for extraction of phenols from coal chemical wastewater with methyl propyl ketone [J]. Chemical Engineering Research and Design, 2019, 147: 587-596.

[12] Yang C, Yang S, Qian Y, et al. Simulation and operation cost estimate for phenol extraction and solvent recovery process of coal-gasification wastewater [J]. Industrial & Engineering Chemistry Research, 2013, 52 (34): 12108-12115.

[13] Chen Y, Wang Z, Li L. Liquid-liquid equilibria for ternary systems: Methyl butyl ketone+ phenol+ water and methyl butyl ketone+ hydroquinone+ water at 298.15 K and 323.15 K [J]. Journal of Chemical & Engineering Data, 2014, 59 (9): 2750-2755.

[14] Lv R, Wang Z, Li L, et al. Liquid-liquid equilibria in the ternary systems water+ cresols+ methyl butyl ketone at 298.2 and 313.2 K: Experimental data and correlation [J]. Fluid Phase Equilibria, 2015, 404: 89-95.

[15] Filipek G T, Fortenberry R C. Formation of potential interstellar noble gas molecules in gas and adsorbed phases [J]. ACS Omega, 2016, 1 (5): 765-772.

[16] An X, Kang Y, Li G. The interaction between chitosan and tannic acid calculated based on the density functional theory [J]. Chemical Physics, 2019, 520: 100-107.

[17] Varadwaj P R, Cukrowski I, Perry C B, et al. A density functional theory and quantum theory of atoms-in-molecules analysis of the stability of Ni (Ⅱ) complexes of some amino alcohol ligands [J]. The Journal of Physical Chemistry A, 2011, 115 (24): 6629-6640.

[18] Ding X, Gou R J, Ren F D, et al. Molecular dynamics simulation and density functional theory insight into the co-crystal explosive of hexaazaisowurtzitane/nitroguanidine [J]. International Journal of Quantum Chemistry, 2016, 116 (2): 88-96.

[19] Zhu Z, Liu X, Cao Y, et al. Controllability of separate heat pump distillation for separating isopropanol-chlorobenzene mixture [J]. Korean Journal of Chemical Engineering, 2017, 34 (3): 866-875.

[20] Li Z, Tian W D, Wang X, et al. Optimal design of a high atom utilization and sustainable process for the treatment of crude phenol separation wastewater [J]. Journal of Cleaner Production, 2021, 319: 128812.

第 7 章

"以废治废"的Eastman生产废水处理工艺设计

化工设计是把一项化工工程从设想变成现实的一个建设环节，是所有工程建设的基础与灵魂。目前，实验探索和理论计算为两类主要的化工过程设计方法，前者投入的人力和物力较大，结果反馈的周期较长，并且在很大程度上取决于实验数据甚至分析测试手段的可靠性，特别是针对中试及以上规模的实验装置，实验操作难度大。而理论计算则是将概念设计同过程模拟相融合，既不生产污染物，又无须损耗原料，因而具备经济、安全、试验周期短、容错率高等优点。但实际实验过程当中面临的多种复杂因素容易被忽略，且存在工具数据库不全面的可能，使得模拟结果往往与实际实验有一定的偏离。因此，理论计算与实验探索的优势互补是目前最有效的化工过程设计方法。

7.1 研究思路

本章运用化工过程系统工程思维，采取流程模拟与实验测试相结合的方法探究废水处理过程的设计问题。为了保证设计与操作过程的优化补充，首先用流程模拟的重要结果来指导实验，再将经数据分析处理后的实验结果反馈到流程模拟当中以支撑模拟结果的准确性。接下来将把流程模拟与实验测试相结合的方法用于高浓度伊士曼（Eastman）有机化工废水治理，确保废水的绿色高效资源化处理。

三甲基戊二醇即2,2,4-三甲基-1,3-戊二醇（TMPD），是近30年兴起的一种具有高价值的有机中间体，如合成 TMPD 双异丁酸酯（TXIB）和醇酯（texanol），广泛应用于表面涂料、石油加工等高商业价值行业[1]。Eastman 生产过程以异丁醛为原料合成 TMPD，首先选择交叉 Cannizzaro 法使异丁醛在碱性条件下自身缩合生成 2,2,4-三甲基-3-羟基戊醛，然后将减压分离后得到的 2,2,4-三甲基-3-羟基戊醛通过催化高压条件下的选择性加氢反应来合成 TMPD。整个 Eastman 工艺会产生约 1011 kg/h 的废水，且污染物包含异丁酸、异丁醛、TMPD 等多种有机物，相当复杂，化学需氧量（COD）约 60000 mg/L，为高浓度有机废水[2]。考虑到废水对环境的危害和 TMPD 的高应用价值，对 Eastman 有机化工废水的高效治理至关重要。

本章以 Eastman 有机化工废水为研究对象，开展的主要模拟与实验工作如下：

① 依据废水的组成选择最合适的萃取剂并设计最佳的废水处理方案；

② 对确定的废水处理方案进行初步流程模拟并用重要模拟结果指导废水的实验探究；

③ 分别开展废水的萃取、反应和精馏实验，通过实验结果分析与讨论指导流程模拟优化；

④ 依托处理后的实验数据进行流程模拟的优化，获得最佳的废水处理结果；

⑤ 设计废水处理流程动态控制方案，观测扰动状态下废水组成的动态响应情况，保证废水处理的有效性。

7.2 废水处理工艺方案确定及流程模拟

7.2.1 确定工艺方案

Eastman 生产废水总流量为 1011 kg/h，COD 近 60000 mg/L，其中污染物 TMPD 约 3.3 kg/h、异丁醛约 6.7 kg/h、异丁酸钠约 20.9 kg/h、异丁酸约 1 kg/h，为高浓度难降解有机废水，因此萃取法是处理此废水的最佳选择。参考有机概念图理论，本节首先确立最佳萃取剂，然后根据各污染物的特点通过考虑多方面的因素对比选择整个废水处理最佳工艺方案，最后对所选择的废水处理工艺方案进行初步的流程模拟。

20 世纪 30 年代，有机概念图首次被提出于日本学者藤田穆的《有机分析》一书中[3]。之后 50 多年，有机概念图的内容随着有机化合物性质的更新也在不断补充和修改。有机概念图的理论和应用在 20 世纪 80 年代中期发展较快。近些年有机概念图已在有机化学、环境化学、食品化学、药物化学、界面化学以及染料化学等方面广泛应用[4]。

有机概念图中定义的有机化合物非极性和极性部分为有机性和无机性部分，分别具有亲油憎水和亲水憎油性质，亲油和亲水的程度分别用字母 O（有机性）和 I（无机性）表示。以 O 值和 I 值为横纵坐标构成的直角坐标图就是有机概念图。有机概念图中任一位置是依据有机化合物的 O 值和 I 值来确定的，可以体现不同物质的性质。有机化合物的 O 值与 I 值的比值（O/I）越相近，说明在有机概念图中原点与对应点的连线斜率就越相近，证明它们之间存在良好的互溶性。因此，O/I 被作为评价相近相溶原理的指标应用于 Eastman 生产废水处理，即能选出与水不溶而能与有机物互溶的最佳萃取剂。

考虑到 Eastman 生产废水存在多种有机物且醛、醇、有机酸之间有一定的比例而增大了萃取剂选择的难度，所以有必要通过严格的实验来验证 O/I 值选出的萃取剂。萃取剂的有效选择需遵循选择性高、萃取能力强、溶剂损失小、萃取剂的基本物性相当、萃取容量大、化学稳定性强、操作安全、经济性强、易于反萃取和溶质回收等原则。但对于 Eastman 生产废水而言，很难在实践中找到完全符合以上所有原则的萃取剂。所以本小节依托有机概念图理论，分别计算了废水中异丁酸、异丁醛、TMPD 和 TXIB 的 O/I 值，如表 7-1 所示，并同步得到如图 7-1 所示的有机概念图。

表 7-1 各组分 O/I 值表

项目	异丁酸	异丁醛	TMPD	TXIB
有机性 O	80	80	160	320
无机性 I	150	65	200	320
O/I	0.53	1.23	0.8	1

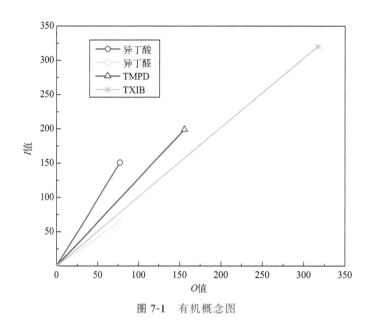

图 7-1　有机概念图

从过程设计角度出发，再加上计算的 O/I 值，提出了 Eastman 生产废水的"以废治废"工艺方案。关键在于将废水中异丁酸和 TMPD 合成的 TXIB 作为萃取剂，使废物循环利用来解决萃取剂因多级萃取造成流失的问题。此工艺处理过程中不会产生二次污染物，减少了环境污染，同时大大降低了治理成本，旨在实现最优的废水处理效果。因此，TXIB 被初步选为"以废治废"工艺方案的萃取剂。

Eastman 生产废水所有组分具体的质量流量如表 7-2 所示。在确定 TXIB 作为萃取剂后，依据概念设计和运行费用最低的原则，利用单元操作知识在排除众多方案后初步确定了如下的两种"以废治废"工艺方案。

表 7-2　废水组分质量流量及 COD 表

质量流量/(t/h)					流量/(t/h)	COD/(g/L)
异丁酸钠	TMPD	异丁酸	异丁醛	水		
0.0209	0.0033	0.0001	0.0067	0.9791	1.010	56.36222

（1）酸化-萃取-酯化-精馏四步法工艺

图 7-2 为废水处理工艺方案 I。硫酸与废水在静态混合器中混合至 pH＝2 后直接流入萃取塔上方，后与下方的萃取剂 TXIB 在萃取塔内部逆流接触。萃余相（废水）直接排放。萃取相流入酯化反应器进行酯化反应，反应完毕进入碱洗塔，其中过量未反应的酸与碱洗塔的烧碱发生反应进入塔顶的水相，而塔釜的油相则回流至萃取塔继续补充萃取剂。工艺方案 I 的特点如下：异丁醛通过空气氧化就可直接转化为异丁酸；酸化过程中使用的酸为硫酸；萃取选用无须考虑再生问题并可大幅度降低操作治理费用的 TXIB 作为萃取剂；酯化反应可以去除部分异丁酸，并能完全消耗掉 TMPD；碱洗后过剩的异丁酸全部转化为异丁酸钠，同时回收塔釜的 TXIB 循环至萃取塔再利用。

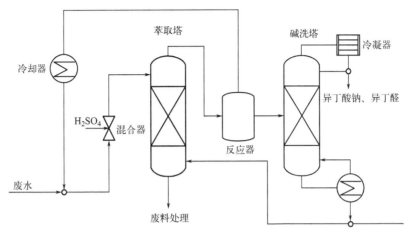

图 7-2　废水处理工艺方案 I 流程图

（2）酸化-萃取-精馏-酯化四步法工艺

废水处理工艺方案 II 如图 7-3 所示。废水与硫酸在静态混合器中混合至 pH＝2 后直接流入萃取塔上方，后与下方的萃取剂 TXIB 在萃取塔内部逆流接触。萃余相（废水）直接排放，萃取相则流入精馏塔。精馏后塔釜釜液得到的 TXIB 循环至萃取塔，而塔顶蒸出的异丁酸和 TMPD 直接通入酯化反应器。反应后产生的 TXIB 一部分补充萃取剂，一部分同过剩的异丁酸一起作为产品。

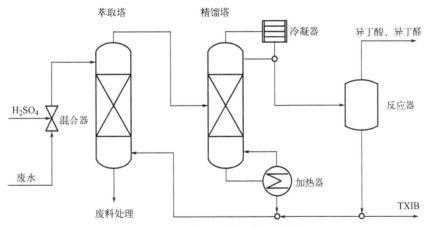

图 7-3　废水处理工艺方案 II 流程图

这两种工艺的主要区别在于酯化和精馏的顺序。如果酯化在前，酸、醛、酯的混合物会一同进入酯化反应器参与反应，但反应转化率会因反应本身是可逆反应而并不高。如果精馏在酯化之前，首先会分离出大量酯，这样将导致两个不利的结果，一是醛酸、异丁酸和TMPD 进料流量小，反应器连续运行困难；二是精馏过程能耗高，处理负荷大。从可操作性和经济性的角度考虑，这两种方案皆能节省大量萃取剂，但工艺方案 I 操作费用更低、耗能更小，在不产生二次污染的情况下降低废水的 COD 值；从过程综合的角度来讲，工艺方案 I 废水中的酸、醇、酯可以有效分离，达到环保标准，实现资源化，有利于绿色化工生产。综上所述，工艺方案Ⅰ有利于溶剂的回收，为废水处理提供了一种新的技术。因此，本文选定方案Ⅰ酸化-萃取-酯化-精馏四步法处理 Eastman 生产废水。接下来，将对方案Ⅰ中的工艺进行初步流程模拟以验证此工艺的可行性。

7.2.2 流程模拟

利用 Aspen Plus 对废水处理过程进行了模拟，其工艺流程如图 7-4 所示。为了降低精馏塔的热负荷，回收酯的流量设定为萃取塔水相的五分之一。主要物流的模拟结果如表 7-3 所示，物流中水的质量分数从 96.9% 增加到 98.6%，而 COD 值更是由原先的 56362.22 mg/L 降低至 1169.65 mg/L，降幅达 97.92%。因此可以得出结论，该处理工艺可以有效降低污染物含量，保证废水排放合格。

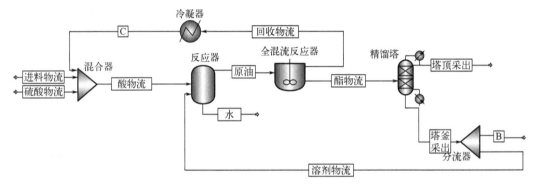

图 7-4 废水处理过程的模拟流程图

表 7-3 处理后的废水组成

项目	进料	水	循环物流	酯	塔顶采出	溶剂
$w(H_2SO_4) \times 10^7$	0	22761.2	1.528	13824.5	12620.73	0
$w(H_2O)$	**0.969**	**0.986**	0.340	0.006	0.059	0
$w(C_4H_8O_2) \times 10^7$	9588.6	80.425	41949.8	43823	396566	431.12
$w(C_4H_8O) \times 10^9$	6424390	47.8	527698520	29353510	267975040	1.5
$w(三甲基戊二醇) \times 10^6$	3164.3	195.4	958	1508.1	17.1	1691.5
$w(Na_2SO_4) \times 10^3$	0	11.41	0	6.93	63.26	0
$w(双异丁酸酯) \times 10^7$	0	42.3	832608.3	892107.5	535544.7	9952603.1
$w(NaC_4H_7O_2)$	0.02004	0	0	0	0	0
流量/(t/h)	1.0429	1.04318	0.0098124	0.228231	0.025	0.2

7.3 实验探究

在对废水处理过程进行流程模拟后，分别开展了萃取实验、反应实验、精馏实验。将实验室小试所获取的实验数据进行处理、分析和讨论，以指导后面的流程模拟优化。

7.3.1 萃取实验

萃取效果的好坏既是废水处理是否有效的关键，又是是否满足绿色需求的研究对象。因此，废水处理过程中最为关键的步骤和研究的核心是开展萃取实验来获取有价值数据。

目前，计算分配系数的方法众多，而本小节所选取的计算公式如下[5]：

$$K_A = \frac{\text{溶质 A 在 E 相中的组成}}{\text{溶质 A 在 R 相中的组成}} = \frac{y_{AE}}{y_{AR}} \tag{7-1}$$

式中，E 相和 R 相分别为萃取相（富萃取剂层）和萃余相（富稀释剂层），E 相和 R 互为共轭相；A 为平衡液层中的溶质。

由式(7-1)可得，萃取分离的效果由 K_A 值决定，K_A 值越大，效果越好。为了满足环境要求的综合分离程度，本实验采取直接反映分配系数大小的萃取处理前后废水的 COD 来作为考察萃取效果的评价指标。

废水 COD 是由化学法（重铬酸钾法）测定而得[6]。首先通过重铬酸钾法获得各温度下的萃取结果，然后对比发现萃取效果受温度影响较小，因此本萃取实验只列出了在常温条件下的实验结果。

实验测取分配系数的步骤如下：

① 在烧杯中混合均匀一定温度下精准量取的废水和酯；
② 在分液漏斗中慢慢注入废水和酯的混合物并静置 2 h，直至分层；
③ 上下层液体 COD 由重铬酸钾法测定和计算；
④ 分配系数利用式(7-1)由上下层液体 COD 数据计算而得。

假设 c 为废水浓度，根据从小到大的浓度划分十等份，分别为 $0.1c$、$0.2c$、$0.3c$ 直到 c。各浓度萃取是按萃取相体积/料液相体积=1/5 进行。经过分层之后原废水 COD 值与测定的萃余相的 COD 之差即为萃取相中的 COD，而萃取相与萃余相 COD 的比值可以直接看作有机混合物的分配系数。

参考 HJ 828—2017，原废水（浓度 c）的 COD 为 45686.6 mg/L，空白试验（蒸馏水与萃取剂）中萃取后水相中的 COD 为 988.32 mg/L。重铬酸钾法测定不同浓度废水的 COD 如表 7-4 所示，可以看出废水的浓度越高，COD 的变化幅度就越大。COD 的减小幅度会随着废水浓度的下降而减小，而 COD 的减小幅度在平衡时是 86.95% 左右。

表 7-4　萃取前后废水 COD 变化数据表

不同浓度的废水	萃取后水相中的 COD /(mg/L)	萃取后油相中的 COD /(mg/L)	萃取前水相中的 COD /(mg/L)	萃取前油相中的 COD /(mg/L)
$0.1c$	3916	3263.3	2927.68	8204.9
$0.2c$	7289.3	9267.1	6300.98	14208.7
$0.3c$	9561.6	20721.9	8573.28	25663.5
$0.4c$	11699.2	32877.2	10710.88	37818.8
$0.5c$	14099.2	43720.5	13110.88	48662.1
$0.6c$	15899.64	57561.6	14911.32	62503.2
$0.7c$	16871.4	84357	15883.08	89298.6
$0.8c$	18011.4	92690.35	17023.08	97631.95
$0.9c$	20705.3	102063.2	19716.98	107004.8
c	23432.4	111271	22444.08	116212.6

由于单级萃取实验的萃取效果不太理想所以需要增加萃取级数，关键在于权衡萃取级数和操作费用的关系。考虑到组分间的相互作用，特开展模拟实验验证了各组分被萃取难易顺序为异丁酸<TMPD<异丁醛。本质上多组分的萃取过程为两相平衡，而研究此过程的两相平衡可以为萃取工艺和设备设计提供重要的基础数据[7]。一般直角坐标可以直接明了地表示被萃取组分的相平衡关系，通常情况下是一条曲线，其中横坐标指的是被萃取组分 i 在萃余相中的平衡浓度 x_i，纵坐标指的是被萃取组分在萃取相中的平衡浓度 y_i。实验数据经过处理后得到拟合的实验萃取平衡线，其中横坐标和纵坐标分别代表萃余相中和萃取相中的COD，并将其与三种热力学模型下的模拟曲线对比，如图 7-5 所示。可以看出，拟合的实验萃取平衡线一开始呈快速上升趋势，随后趋于平缓，满足了基本的萃取平衡线趋势。同时，实验萃取平衡线与基团贡献法、活度系数、康奈尔系数等模型的模拟结果一致。表 7-5 为液-液平衡常数实验数据计算与模拟计算的对比表，各组分相对误差较小，证明了利用 Aspen plus 对萃取工艺进行模拟计算得到的结果是可靠的。

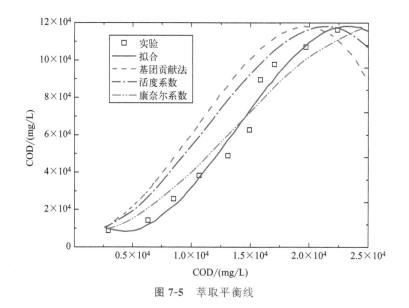

图 7-5　萃取平衡线

表 7-5　液-液平衡常数 K 对比表

物质	模拟计算水相-油相 K	由实验数据计算水相-油相 K
水	6.5577	6.6582
异丁酸	1.2236×10^{-2}	1.1368×10^{-2}
异丁醛	1.1073×10^{-2}	0.7716×10^{-2}
TMPD	3.4294×10^{-3}	4.2110×10^{-3}
TXIB	2.7600×10^{-9}	2.5000×10^{-9}

7.3.2　酯化反应

本工艺方案中另一个重要的环节为将合成得到的萃取剂循环回酯化反应，特开展酯化反应实验研究其操作条件及收率等。

酸和醇在催化剂直接作用下发生酯化反应是工业上生产酯的最主要方法，其中可供选择的催化剂主要有以下五种。

① 浓硫酸。浓硫酸的优点在于具有稳定的性质、强的吸水性和酸性、好的催化效果及低廉的价格。但它的氧化性和腐蚀性较强，容易发生聚合、炭化、磺化等副反应，可在低于100 ℃时选用浓硫酸作为酯化反应的催化剂[8]。

② 固体杂多酸催化剂。固体杂多酸催化剂的优点为具有高的选择性和活性，但价格昂贵、反应需要高温活化、操作难度大[9]。

③ 干燥 HCl 气体。干燥 HCl 具有催化效果好、无氧化性等优点，但同时具有易挥发、操作工艺复杂、腐蚀性强等缺点[10]。

④ 磺酸型强酸性交换树脂。磺酸型强酸性交换树脂的优点为易分离、酸性强、脱水性强、易循环使用、无炭化，但其收率较低，工业化难度大[11]。

⑤ 对甲苯磺酸。对甲苯磺酸作为有机酸无氧化性，除炭化作用弱于浓硫酸外，涵盖了浓硫酸的全部优点。作为催化剂催化酯化反应时拥有污染小、无腐蚀、活性高等特点，尤其适合较高反应温度的场合[12]。

在本工艺中酯化反应的最佳反应温度在 120～140 ℃，考虑到此温度范围下浓硫酸会因其强氧化性而能发生副反应、干燥 HCl 气体易挥发，而固体杂多酸催化剂反应需要高温活化，最终选择对甲苯磺酸作为酯化实验的催化剂。

由于影响酯化反应的因素较多，特此选择正交实验方法来设计本实验的具体过程。首先通过流程模拟结果选择了三个最主要的影响因素，分别为反应温度、反应时间和催化剂含量。为了便于操作并尽最大可能消除由副反应造成的实验误差，各实验水平最终确定反应温度分别为 120 ℃、130 ℃、140 ℃，反应时间分别为 2.5 h、3.5 h、4.5 h，催化剂含量（催化剂与酸的质量比）分别为 6%、8%、9%，如表 7-6 所示。

表 7-6　实验因子及水平的确定

实验水平	实验因子		
	反应温度/℃	反应时间/h	催化剂含量/%
1	120	2.5	9
2	130	3.5	8
3	140	4.5	6

（1）实验试剂

伊士曼化工有限公司生产的 TMPD（分析纯），天津市大茂化学试剂厂生产的对甲苯磺酸（纯度≥99.5%），齐鲁石化第二化肥厂精细化工厂生产的异丁酸（纯度≥99.5%）。

（2）基础物性

① TMPD。TMPD 的分子式为 $C_8H_{18}O_2$，通常条件下是熔点较低的白色片状晶体，所以在熔化状态下对其操作处理。TMPD 微溶于卤代烷烃、脂肪烃、水，易溶于醚、大多数芳香烃、酮、醇。

分子量为 146.229，相对密度（20 ℃/4 ℃）为 0.9378，熔点为 51 ℃，沸点（101.3 kPa）为 228.9 ℃，燃烧热为 −5050 kJ/mol，着火点为 118 ℃（COC），闪点为 113 ℃（COC），

自燃点为 346 ℃，折射率（15 ℃）为 1.4513，熔化热为 8.63 kJ/mol。

② 异丁酸。异丁酸作为有酸败味的无色油状液体，具有羧酸的一般性质，可以生成酰氯、酸酐、酯、酰胺、盐等；又接近正丁酸性质，可以与氯仿、乙醚、乙醇等多种有机溶剂混溶。其在 25 ℃ 水中的解离常数（K_a）为 1.62×10^{-5}，且在水中的溶解度大于丁酸盐，被常常用作过氧化物、香料、医药等产品的原料。

异丁酸的物性参数：分子式为 $C_4H_8O_2$，分子量为 88.108，相对密度（20 ℃/4 ℃）为 0.96815，临界压力为 4.05 MPa，临界温度为 336 ℃，燃点为 502 ℃，沸点（101.3 kPa）为 154.70 ℃，COD 为 1.65～1.75 g/g，蒸发热为 44.46 kJ/mol，折射率（20 ℃）为 1.393。

③ TXIB。美国 Eastman 公司制成 TXIB 型增塑剂的主要原料为 TMPD 二异丁酸酯。此 TXIB 型增塑剂在市场上极具竞争力的优点主要有浅的光泽、低廉的价格，能应用多个行业如表面涂料、乙烯制品等。其物理性质主要为：分子量是 286.4106，分子式为 $C_{16}H_{30}O_4$，相对密度（20 ℃/4 ℃）为 0.94，沸点（101.3 kPa）为 280 ℃，折射率（20 ℃）为 1.4。

④ 对甲苯磺酸。对甲苯磺酸的分子式为 $C_7H_8SO_3$，一般条件下为核状晶体或无色单斜片状，熔点（水合物）为 104～106 ℃，沸点（2.7 kPa）为 140 ℃，有潮解性，易溶于水、乙醚、乙醇和热苯。

（3）实验设计

酯化反应实验是在一个容积为 250 mL 的四口烧瓶中开展的，其中三个侧口和中间出口分别对应连接冷凝器、温度计、取样口和搅拌器，反应温度的温差通过变压电加热器严格控制不能超过 ±1 ℃。定量的异丁酸和 TMPD 混合物需在每次实验之前加入四口烧瓶中，通过不断地加热搅拌使温度缓慢增加到反应温度时立刻将定量的对甲苯磺酸加入四口烧瓶中并马上计时。为了防止反应体积受取样量的影响，待温度稳定后每次取 1 mL 样，时间间隔为 25 min。实验进行过程在反应达到基本平衡之前可以根据实时分析结果调整取样的间隔时间。

不同反应时间未反应的异丁酸浓度 c_a 是用 NaOH 标准溶液滴定而得的。NaOH 浓度为 1 mol/L，为了避免取样量对反应体积产生影响，每次取样为 1 mL。c_a 的计算公式如式（7-2）所示[13]。

$$c_a = \left(V_{NaOH} c_{NaOH} - \frac{m_c m_s}{(m_a + m_b) M_c} \right) \times 1000 \tag{7-2}$$

式中，m_a、m_b、m_c、m_s 分别为异丁酸的质量、TMPD 的质量、对甲苯磺酸的质量和取样的质量，g；M_c 为对甲苯磺酸的分子量；V_{NaOH} 为消耗 NaOH 的量，L；c_{NaOH} 为 NaOH 的浓度，mol/L。根据计算所得的异丁酸的量直接求取酯化率，如式（7-3）所示[14]，式中 c_{a0} 为异丁酸的初始浓度。

$$x_a = (c_{a0} - c_a) / c_{a0} \tag{7-3}$$

按照正交设计的实验条件开展式（7-4）反应的等温反应动力学实验操作。

$$2C_4H_7COOH + C_8H_{18}O_2 \rightleftharpoons C_{16}H_{30}O_4 + 2H_2O \tag{7-4}$$

反应平衡常数 K_T 由吉布斯自由能计算得到，其中所需的基础数据见表 7-7[15]。相对于焓变，以上可逆反应的熵变很小，因此在本计算过程忽略了熵变的影响。通过式（7-5）～式（7-7）的计算，K_T 的计算结果如表 7-8 所示。

$$\ln\left(\frac{K_T}{K^{\ominus}}\right) = -\frac{\Delta H(T)}{R}\left(\frac{1}{T} - \frac{1}{T^{\ominus}}\right) \tag{7-5}$$

$$\Delta H(T) = \Delta H(T^{\ominus}) + \int_{T^{\ominus}}^{T} \Delta C_p \, dT \tag{7-6}$$

$$\ln K^{\ominus} = -\Delta G^{\ominus}/(RT^{\ominus}) \tag{7-7}$$

表 7-7 不同物质的 ΔG

温度/℃	$\Delta G/(kJ/mol)$			
	TXIB	异丁酸	TMPD	H_2O
120	−396	−329	−11.5	−223
130	−377	−322	4.56	−220
140	−362	−319	10.7	−218

表 7-8 计算得到的各温度下的平衡常数

温度/℃	$K_T \times 10^{-22}$
120	8.48
130	2.32
140	0.389

（4）各因子对转化率的影响分析

利用正交设计原理，固定异丁酸与 TMPD 的摩尔比为 2∶1，三个因素 A、B、C 分别表示对酯化率影响较大的温度、时间、催化剂的量，而空列用 D 表示。将每个因素对应的三个状态在以上基础上作为三个水平，共同构成 $L_9(3^4)$ 表。以酯化率为考察指标，通过实验数据分析得到的实验结果如表 7-9 所示。

表 7-9 正交实验安排表

实验序号	反应温度（A）	反应时间（B）	催化剂含量（C）	D	酯化率（异丁酸）/%
（1）	1	1	1	1	66.30
（2）	1	2	2	2	62.62
（3）	1	3	3	3	63.36
（4）	2	1	3	2	65.57
（5）	2	2	1	3	64.08
（6）	2	3	2	1	64.50
（7）	3	1	2	3	56.60
（8）	3	2	3	1	65.58
（9）	3	3	1	2	63.90
$K_{1j} \times 10^1$	1922.80	1884.70	1942.80	1963.80	
$K_{2j} \times 10^1$	1941.50	1922.80	1837.20	1920.90	

实验序号	反应温度(A)	反应时间(B)	催化剂含量(C)	D	酯化率(异丁酸)/%
$K_{3j} \times 10^1$	1860.80	1917.60	1945.10	1940.40	
$k_{1j} \times 10^1$	640.90	628.20	647.60	654.60	
$k_{2j} \times 10^1$	647.20	640.90	612.40	640.30	
$k_{3j} \times 10^1$	620.30	639.20	648.40	646.80	
$R_j \times 10^1$	80.70	38.10	107.90	42.90	
主次(因素)			CAB		
最佳方案			$C_3A_2B_2$		

由表 7-9 可以得出 $R_3 > R_1 > R_4 > R_2$，证明了在上述温度和催化剂的量显著影响酯化率，而时间的影响较小，空白列较小的极差说明因子之间的交互作用可以忽略。依据对 R 的分析，正交实验得到的最佳反应条件如下：反应温度为 130 ℃，反应时间为 3.5 h，催化剂用量为酸质量的 6%。不同时间不同操作条件下异丁酸的转化率如表 7-10 所示。当反应温度达 140 ℃时，接近异丁酸的沸点（154.7 ℃）使气相中酸的含量明显增多从而影响了酯化率。

表 7-10 不同时间不同操作条件下异丁酸的转化率

(1)		(2)		(3)		(4)		(5)	
时间 t/min	转化率 x_a	时间 t/min	转化率 x_a	时间 t/min	转化率 x_a	时间 t/min	转化率 x_a	时间 t/min	转化率 x_a
1.1	0.13	1.1	0.15	1.0	0.13	1.2	0.13	1.2	0.14
2.4	0.22	2.4	0.28	2.2	0.21	2.2	0.20	2.9	0.17
4.6	0.33	6.0	0.41	4.6	0.33	4.7	0.32	5.0	0.27
7.8	0.39	7.9	0.42	7.8	0.38	7.9	0.42	10.1	0.44
10.0	0.49	11.2	0.46	10.0	0.43	10.2	0.51	14.2	0.48
15.2	0.50	15.1	0.49	15.3	0.45	15.1	0.52	16.5	0.50
25.3	0.55	19.9	0.51	19.7	0.48	25.2	0.56	17.6	0.53
35.3	0.57	24.5	0.52	25.1	0.52	35.4	0.59	26.4	0.54
50.4	0.62	35.0	0.57	30.2	0.53	50.5	0.62	34.5	0.56
70.3	0.63	45.1	0.60	40.3	0.54	70.6	0.63	45.0	0.60
100.1	0.64	65.4	0.62	55.1	0.57	110.5	0.64	65.1	0.61
130.4	0.66	95.0	0.62	75.0	0.60	150.5	0.66	95.4	0.63
150.2	0.66	140.5	0.65	115.2	0.62			130.3	0.64
		175.3	0.65	165.3	0.63			175.6	0.64
				215.4	0.64			210.2	0.64
				270.4	0.64				

（6）		（7）		（8）		（9）	
时间 t/min	转化率 x_a	时间 t/min	转化率 x_a	时间 t/min	转化率 x_a	时间 t/min	转化率 x_a
1.0	0.14	1.3	0.13	1.0	0.10	1.1	0.18
3.1	0.17	2.4	0.22	8.1	0.41	3.0	0.29
5.0	0.27	4.7	0.32	13.0	0.47	5.9	0.42
9.9	0.44	8.0	0.38	18.2	0.51	10.6	0.47
15.0	0.47	11.1	0.44	23.3	0.53	15.5	0.51
17.2	0.50	16.3	0.44	28.4	0.55	20.3	0.53
18.7	0.53	25.8	0.47	43.5	0.58	25.3	0.55
25.5	0.53	35.4	0.52	58.2	0.60	40.4	0.58
32.9	0.55	55.7	0.54	73.1	0.61	55.2	0.60
43.0	0.60	75.5	0.54	103.2	0.62	70.1	0.61
64.0	0.61	115.7	0.56	133.9	0.62	100.3	0.62
95.1	0.63	150.3	0.57	173.5	0.63	130.2	0.62
130.2	0.64			222.9	0.64	170.0	0.63
175.6	0.64			270.3	0.64	220.2	0.64
201.1	0.64					275.1	0.64

（5）反应速率常数

假定酯化反应的反应级数为2，得到反应速率表达式(7-8)[16]，其中 r_a、k_+ 和 K_T 分别为异丁酸的正反应速率、正反应速率常数和反应平衡常数，c_d、c_a、c_w、c_b 分别对应 t 时刻的水的浓度、异丁酸的浓度、TXIB 的浓度、TMPD 的浓度。

$$-r_a = -\frac{dc_a}{dt} = k_+ \ (c_a^2 c_b - c_d c_w^2 / K_T) \tag{7-8}$$

反应动力学参数采用积分法和微分法进行估计。利用最小二乘函数的微分法可以拟合反应速率表达式得到样条函数，并通过求导函数得到反应速率。积分法则是利用对于给定的参数反应速率常数和反应级数得到对应于试验点处的浓度计算值，以浓度测量值与计算值的残差平方和作为优化目标，再通过非线性最小二乘法函数搜索得到最优的动力学参数，其中，每搜索一步得到相对应的浓度计算值。表 7-11 列出了反应级数 n 和反应速率常数 k 的数据结果，其中 k 的单位随着反应级数不同也有所不同。图 7-6～图 7-8 为三组实验数据和回归模型的反应曲线及残差分析图，可以看出各温度下的动力学模型与实验数据结果较好地吻合，证明了实验数据的准确性。120 ℃、130 ℃和 140 ℃三个温度下的反应曲线都展现了类似的趋势：前 20 min 反应物浓度急剧减小导致曲线的迅速下降，证明了正反应为反应过程的主导；20 min 以后，随着反应时间增加，反应物的转化率受反应平衡控制上升幅度较小，说明平衡为反应过程的主导，也证明了此动力学方程的准确性。通过残差分析图可知三个温度残差曲线的残差均在 0.5 以内，说明曲线的拟合是正确的。

表 7-11　反应速率常数和反应级数

项目	1	2	3	4	5	6	7	8	9
$k \times 10^3$	2.35	2.7	3.3	4.7	4.0	3.9	5.2	4.8	6.1
n	2.35	2.78	2.54	2.67	2.54	2.56	2.21	2.19	2.16

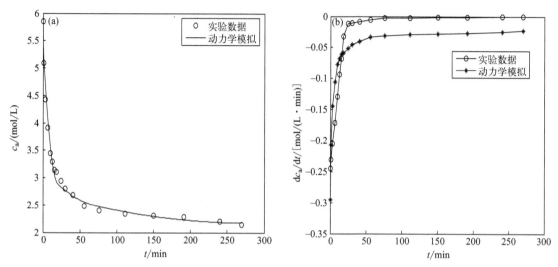

图 7-6　反应温度为 120 ℃时的反应曲线及残差图

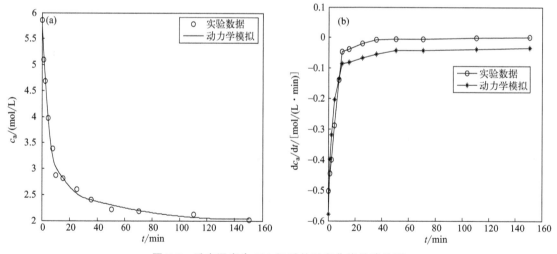

图 7-7　反应温度为 130 ℃时的反应曲线及残差图

（6）指前因子和反应活化能

根据不同温度（T_i）下的数据可以得到相对应的反应速率常数（k_i），并可以通过 Arrhenius 公式(7-9)关联 k 与 c_a、m、T 的关系并确定反应的指前因子和活化能。

$$k = k_0 \exp(-E/RT) \tag{7-9}$$

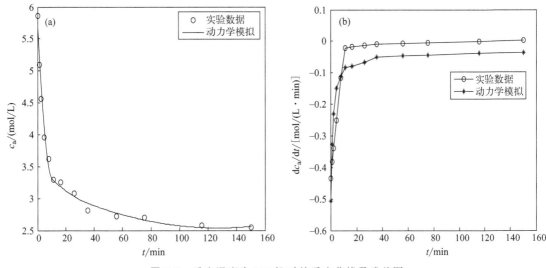

图 7-8　反应温度为 140 ℃时的反应曲线及残差图

式中，k_0 代表指前因子，无量纲；E 代表正反应活化能，J/mol；R 代表摩尔气体常数，J/(mol·K)；T 代表反应温度，K。

　　通过对式(7-9)两边取对数可以转换为式(7-10)，并通过线性拟合对 k_0、E 进行估算，得到如表 7-12 所示的 k_0 和 E 计算结果。

$$\ln k = \ln k_0 - E/RT \tag{7-10}$$

表 7-12　指前因子 k_0 和活化能 E 的计算结果

序号	$k_0/10^{-3}$	$E/10^3$
1	7.52	3.79
2	4.08	5.73
3	4.69	6.92

7.3.3　精馏实验

　　萃取相各组分的沸点见表 7-13，可以看出各组分的沸点相差较大。从沸点大小来看：TXIB＞TMPD＞异丁酸＞水-异丁酸＞水＞异丁醛＞水-异丁醛。尽管水与 TMPD、异丁酸和 TXIB 皆可能形成共沸体系，但可以采取减压蒸馏来有效分离物系。考虑到含量最高的为异丁酸，因此通过降低减压蒸馏塔塔釜的热负荷来减少异丁酸的气相占比，最终确定轻重关键组分分别为 TXIB-水和异丁酸-水共沸物。

表 7-13　反应体系物质沸点

物质	异丁酸	TMPD	TXIB	水	异丁醛
沸点/℃	154.7	228.9	280	100	64

实验选用普通减压蒸馏装置来分离 TXIB。烧瓶内的混合液在电热套加热下随着温度的缓慢升高在 14 ℃开始沸腾，初馏点在 88 ℃时出现，在 100 ℃时蒸出第一馏分，然后随烧瓶温度的持续上升馏出物温度波动式下降，在 92 ℃蒸出第二馏分，第三馏分直到 120 ℃开始蒸出。整个减压分离耗时 80 min，得到的馏出物无色透明。

整个减压蒸馏过程总共消耗了 274.3 g 原料，得到 29.5 g（10.8%）的馏出物前馏分（萃取物）和 226.8 g（82.7%）终馏分（萃取剂），最终损耗 6.5%萃取剂。尽管此精馏实验操作相对简单，但其能体现基础的精馏分离条件，直接证明本废水处理工艺设计的有效性。

7.4 工艺流程模拟与优化

由于废水处理工艺中存在萃取剂的循环，且各个单元之间存在一定程度的耦合，本节将在上述实验结果的基础上开展各单元的模拟与优化以寻找最优的单元操作参数。

7.4.1 萃取塔模拟

本流程 Eastman 生产废水的处理量为 1011 kg/h。选用 Aspen Plus 中的 Extract 模块作为萃取塔单元，通过改变萃取剂流量、操作温度等主要影响因素对萃取塔进行分析与讨论。

固定废水流量和萃取剂流量分别为 1011 kg/h 和 200 kg/h 时，在其他条件不变的情况下，分析了萃取剂进料温度对萃取效果的影响，如表 7-14 所示。可以看出，萃取剂进料温度的上升有助于促进液-液相平衡，进而增大了萃取相中异丁酸、异丁醛和 TMPD 的分配系数，从而使萃余相中的各组分浓度都相对降低。但本废水处理萃取剂的流量非常大，因此温度太高会导致水蒸气流量的提高，进而使萃取塔塔釜热负荷增加。鉴于不同温度对萃取效果的影响相对较小，所以本流程最终确定在常温下进行选择萃取塔操作。

表 7-14　萃取剂进料温度对分离效果的影响

项目	萃取剂进料温度/℃					
	15	20	25	30	35	40
处理后废水 COD/(10^4 mg/L)	1.2968	1.2967	1.2963	1.2960	1.2956	1.2954
处理后废水异丁酸流量/(10^{-2} kmol/h)	7.7227	7.7237	7.7239	7.7242	7.7245	7.7247
处理后废水异丁醛流量/(10^{-3} kmol/h)	4.43	4.44	4.44	4.44	4.44	4.45
处理后废水 TMPD 流量/(10^{-5} kmol/h)	5.91	5.93	5.93	5.94	5.95	5.96
处理后废水 TXIB 流量/(10^{-5} kmol/h)	3.81	3.83	3.86	3.89	3.91	3.94

固定废水流量为 1011 kg/h 和萃取剂进料温度为常温，在其他条件不变的情况下，改变萃取剂流量的模拟计算结果见表 7-15。萃取剂流量的增加会增大萃取剂在各板上的浓度，鉴于萃取剂的选择性与萃取剂在各板上的浓度成正比，所以也会增大萃取剂的选择性，同时也会增加萃取塔的塔釜热负荷。再结合灵敏度分析图 7-9 可以看出，当萃取剂流量增加至 400 kg/h 左右时，分离效果的变化幅度相差不大。所以可以得出 350 kg/h 的萃取剂流量就能基本满足本废水处理工艺的萃取要求。

表 7-15　萃取剂流量对分离效果的影响表

项目	萃取剂流量/(kg/h)						
	200	250	300	350	400	450	500
处理后废水 COD/(10^4 mg/L)	1.2966	0.9022	0.6078	0.3951	0.2498	0.1554	0.0960
处理后废水异丁酸流量/(10^{-2} kmol/h)	7.72	5.537	3.767	2.453	1.548	0.957	0.585
处理后废水异丁醛流量/(10^{-3} kmol/h)	44.4	14.3	4.94	1.86	0.770	0.344	0.165
处理后废水 TMPD 流量/(10^{-5} kmol/h)	59.2	21.6	9.04	4.20	2.10	1.10	0.601
处理后废水 TXIB 流量/(10^{-5} kmol/h)	3.83	3.77	3.72	3.68	3.65	3.63	3.61

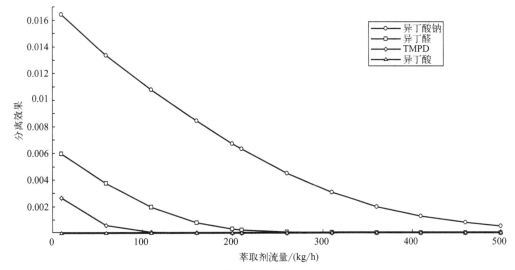

图 7-9　萃取剂用量灵敏度分析

最后对萃取剂流量分别为 200 kg/h 和 350 kg/h 时的模拟结果进行对比，如表 7-16 和表 7-17 所示。两表均可以证明，随着萃取塔塔板数的增加，萃取效率会因各组分在油相中溶解量的增大而逐步增大。过多的塔板数既会增加设备投资费用且对萃取效果影响较小，因此萃取塔的塔板数最终确定为 8 块。

表 7-16　萃取剂流量为 200 kg/h 时塔板数对分离效果的影响

项目	塔板数					
	5	6	7	8	9	10
处理后废水 COD/(10^4 mg/L)	1.4498	1.3775	1.3295	1.2966	1.2735	1.2566
处理后废水异丁酸流量/(10^{-2} kmol/h)	8.1246	7.9274	7.8032	7.7229	7.6727	7.638
处理后废水异丁醛流量/(10^{-3} kmol/h)	9.03	6.99	5.52	4.44	3.61	2.97
处理后废水 TMPD 流量/(10^{-5} kmol/h)	3.90	2.06	1.10	0.592	0.324	0.178
处理后废水 TXIB 流量/(10^{-5} kmol/h)	3.84	3.84	3.84	3.83	3.83	3.83

表 7-17　萃取剂用量为 350 kg/h 时塔板数对分离效果的影响

项目	塔板数					
	5	6	7	8	9	10
处理后废水 COD/(10^4 mg/L)	4.2720	3.4721	2.9113	2.4989	2.1797	1.9257
处理后废水异丁酸流量/(10^{-2} kmol/h)	2.5712	2.125	1.7966	1.5478	1.3516	1.1938
处理后废水异丁醛流量/(10^{-3} kmol/h)	8.47	3.79	1.71	0.770	0.348	0.158
处理后废水 TMPD 流量/(10^{-5} kmol/h)	49.6	17.1	5.97	2.10	0.744	0.265
处理后废水 TXIB 流量/(10^{-5} kmol/h)	3.67	3.66	3.65	3.65	3.64	3.64

综上所述，经模拟得到的最优萃取塔操作参数为：常温常压操作，萃取剂流量为 350 kg/h，萃取塔塔板数为 8 块。

7.4.2　反应器模拟

选用 Aspen Plus 中的 BRatch 模块建立流程，通过改变反应温度、醇酸比等主要参数对反应器进行分析与讨论。将醇酸用量的摩尔比固定为 2∶1 且固定反应时间为 3.5 h，在不改变其他条件的情况下，TXIB 收率受反应温度的影响如图 7-10～图 7-12 所示。可以看出在反应初期前 20 min 内所有曲线都快速上升，证明了此时间段是快速反应阶段；当反应时间在 20～50 min 范围时，曲线的上升幅度较小；当反应时间在 50 min 后，曲线几乎平缓到与横轴平行，证明反应几乎为平衡状态。在实际操作中可以不断取出酯使反应平衡右移来增加 TXIB 收率。因此，反应时间在实际操作中可以定为 60 min 而不是 3.5 h，这样既有助于减小热量损失，又能实现连续化操作。

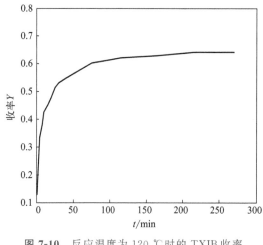

图 7-10　反应温度为 120 ℃时的 TXIB 收率

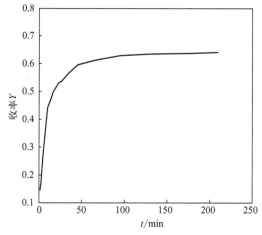

图 7-11　反应温度为 130 ℃时的 TXIB 收率

固定反应温度和催化剂用量分别为 130 ℃和 8%，分析醇酸比对 TXIB 收率的影响。当酸过量时，促进了反应的正向进行，TXIB 收率是增大的。固定醇的流量为 43.87 kg/h，TXIB 收率随异丁酸流量增加的结果见表 7-18。可以发现，TXIB 的收率随着醇酸比的增加

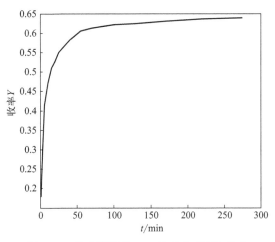

图 7-12 反应温度为 140 ℃时的 TXIB 收率

而增加，说明实际操作中 TXIB 的转化率比较高。但考虑到实际 Eastman 生产废水酸是过量的，所以醇酸比基本固定，因此本文未对此展开过多讨论。

表 7-18 TXIB 收率随醇酸比变化表

醇酸比	0.0200	0.0205	0.0210	0.0215	0.0220	0.0225
Y/%	69.0	70.1	72.2	74.6	76.0	76.9

反应器的最佳操作条件通过以上模拟结果与正交实验结果的结合确定：反应时间为 1 h、反应温度为 130 ℃、催化剂用量为 6%（与酸质量比）。

7.4.3 精馏塔模拟

气-液平衡计算是精馏过程开发设计的运算基础，能有效反映体系处于平衡时的温度、压力、气-液相组成之间的关系。准确设计精馏过程的关键是保证气-液平衡计算的准确性，所以有必要在进行精馏塔模拟之前对本物系的气-液平衡进行深入研究。利用 Aspen Plus 数据库中的相关物性数据对多组分之间的共沸进行了气-液平衡模拟计算。图 7-13～图 7-19 为物系温度-组成图，可以看出各图均能较好地反映出二元共沸的组成和温度。图 7-20 显示的精馏剩余曲线表明任意三组分都不存在精馏边界，即不存在三元共沸物。

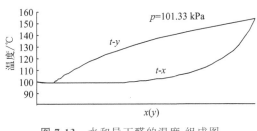

图 7-13 水和异丁醛的温度-组成图

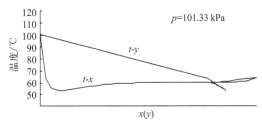

图 7-14 水和异丁酸的温度-组成图

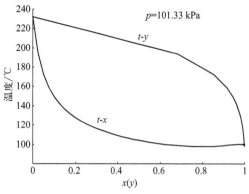

图 7-15 水和三甲基戊二醇温度-组成图

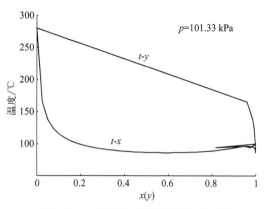

图 7-16 水和双异丁酸酯温度-组成图

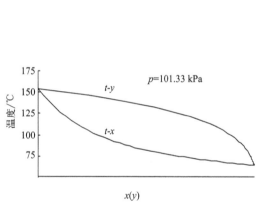

图 7-17 异丁酸和异丁醛温度-组成图

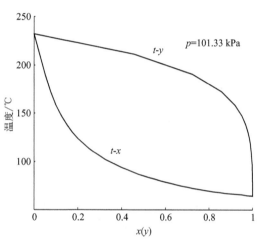

图 7-18 异丁醛和三甲基戊二醇温度-组成图

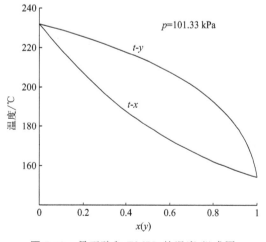

图 7-19 异丁酸和 TMPD 的温度-组成图

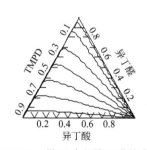

图 7-20 TMPD、异丁酸和异丁醛的剩余曲线图

考虑到已有的所有可能的设计组分，理应有 $C_5^2 + C_5^3 = 20$ 个相平衡图。如果再考虑其他共沸物如四元共沸物和五元共沸物，则会有更多的相平衡图。鉴于相平衡图数量相对较多，因此只选择具有代表性的图形和数据对精馏塔模拟结果进行分析和讨论。由减压蒸馏实验得出的重要参数来开展模拟工作。表 7-19 为主要物流的模拟结果。图 7-21～图 7-24 为塔板物性。经深入分析得到如下重要结论：

表 7-19　精馏塔分离效果表

组分	进料流量/(kg/h)	塔顶采出流量/(kg/h)	塔底采出流量/(kg/h)	回收率
水	5.38	5.38	3.16×10^{-13}	1
异丁酸	7.36	7.36	1.42×10^{-5}	1
异丁醛	6.38	6.38	2.23×10^{-7}	1
TMPD	0.33	0.33	3.31×10^{-5}	1
TXIB	205.79	5.55	200.24	0.973

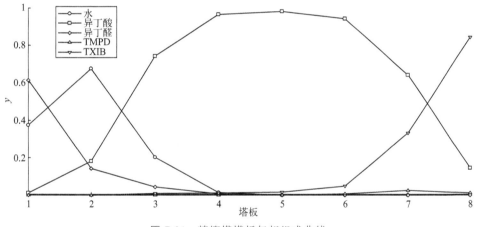

图 7-21　精馏塔塔板气相组成曲线

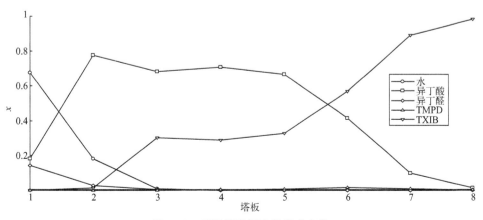

图 7-22　精馏塔塔板液相组成曲线

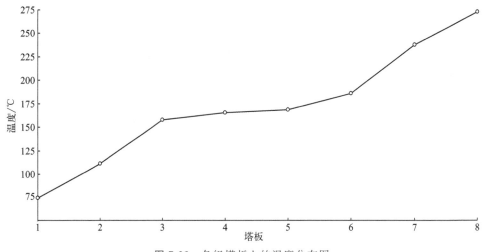

图 7-23　各级塔板上的温度分布图

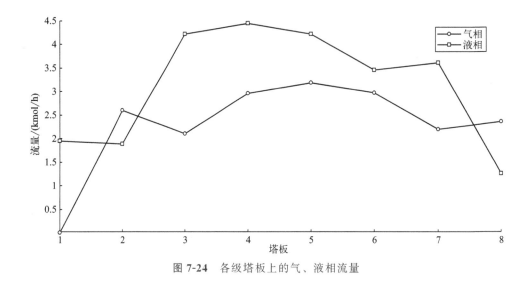

图 7-24　各级塔板上的气、液相流量

（1）各组分通过精馏塔模拟分离效果较好，甚至有些组分的回收率能达到 100%。

（2）塔顶温度和塔釜温度随进料流量的增加分别升高和降低。

（3）各级塔板上气相温度要高于对应的液相温度，其中气液相温度相差最大的是第 8 级塔板，为 2 K。

（4）塔板数为 5 时已经实现良好的分离效果，之所以最后将塔板数定为 8 是考虑到实际操作中众多可变因素带来的误差。

7.4.4　流程优化

长期来讲，"以废治废"的工艺方案能在节约操作费用的同时避免可能产生的二次污染。依托实验测试的重要结果，本部分优化废水处理流程，解决的主要问题为：确定萃取塔的进料板位置及萃取剂的循环量等重要参数；提高异丁酸的转化率，酯化反应因其可逆平衡时异丁酸的转化率只有 66% 左右；确定精馏塔进料位置、操作压力、回流比等。在对萃取塔、反应器和精馏塔单设备流程模拟的基础上，从整个流程角度优化所确定的工艺参数。以下三个方面为整体流程模拟目标：

（1）计算整个过程的能量和质量平衡；

（2）物流流量、性质和组成的预测；

（3）重要操作参数的预测。

由于工艺各塔之间相互影响并存在物流的循环，所以对整个工艺进行优化获得了各物流的组成，如表 7-20 所示。计算可得废水的 COD 为 1975 mg/L，说明各有机物浓度经过处理之后都显著下降。

表 7-20　处理后物流组成表

项目		进料物流	酸物流	原油物流	水物流
质量分数	硫酸	0	24844.1×10^{-7}	13172.7×10^{-7}	22761.2×10^{-7}
	水	0.9694	0.9535	0.01690	0.9857
	异丁酸	958.86×10^{-6}	961.62×10^{-6}	4347.52×10^{-6}	8.0425×10^{-6}
	异丁醛	642439×10^{-8}	1097057×10^{-8}	4958714×10^{-8}	4.7816×10^{-8}
	TMPD	316.425×10^{-5}	305.658×10^{-5}	1437.79×10^{-5}	19.542×10^{-5}
	硫酸钠	0	12.453×10^{-3}	6.603×10^{-3}	11.409×10^{-3}
	TXIB	0	754.57×10^{-6}	834370×10^{-6}	4.2289×10^{-6}
	丁酸钠	0.02004	0	0	0
流量/(kg/h)		1042.9	1082.71	239.52	1043.18

项目		回收物流	酯物流	塔顶采出物流	溶剂物流
质量分数	硫酸	1.528×10^{-7}	13824.5×10^{-7}	126207.3×10^{-7}	1×10^{-35}
	水	0.3397	0.006472	0.05908	6.65×10^{-12}
	异丁酸	41949.8×10^{-7}	43823.0×10^{-7}	396566.2×10^{-7}	431.1×10^{-7}
	异丁醛	5276985.2×10^{-7}	293535.1×10^{-7}	2679750.4×10^{-7}	0.014815×10^{-7}
	TMPD	95.798×10^{-5}	150.809×10^{-5}	1.7058×10^{-5}	169.15×10^{-5}
	硫酸钠	0	6.930×10^{-3}	63.26×10^{-3}	1×10^{-35}
	TXIB	83260.8×10^{-6}	892107.5×10^{-6}	53554.5×10^{-6}	995260.3×10^{-6}
	丁酸钠	0	0	0	0
流量/(kg/h)		9.8124	228.23	25.00	200

对整个流程来说，萃取剂的循环量是最为关键的参数，决定了废水的处理效果。最后分析了萃取剂循环量对分离效果的影响，如表 7-21 所示。可以看出，随着萃取剂循环量增加，废水的 COD 慢慢降低但能耗增大。在综合经济能量的最优化后，确定萃取剂循环量为 350 kg/h。模拟得到的最佳物流参数如表 7-22 所示。

表 7-21 萃取剂循环量对分离效果的影响

萃取剂循环量/(kg/h)	200	250	300	350	400	450	500
处理后废水 COD/(10^4 mg/L)	6.483	4.511	3.039	1.975	1249	0.777	0.480
处理后废水异丁酸流量/(10^{-2} kmol/h)	3.36	2.62	1.88	1.23	0.774	0.48	0.29
处理后废水异丁醛流量/(10^{-3} kmol/h)	22.2	7.15	2.47	0.93	0.38	0.17	0.082
处理后废水 TMPD 流量/(10^{-5} kmol/h)	29.6	10.8	4.52	2.10	1.05	0.55	0.30
处理后废水 TXIB 流量/(10^{-5} kmol/h)	1.92	1.88	1.86	1.84	1.82	1.81	1.80

表 7-22 废水治理各工艺参数

项目		酸	原油	水	酯
质量流量/(kg/h)	水	1011	7.148	1003.850	7.920
	异丁酸	17.730	16.604	1.546	11.830
	异丁醛	6.700	6.685	0.015	6.685
	TMPD	3.300	3.480	0.160	0.348
	TXIB	0	348.200	0.022	354.350
总流量/(kg/h)		1038.730	381.130	1007.600	381.130
温度/K		293.150	293.280	335.650	402.070
压力/atm		1	1	1	1
气相分数		0	0	0	0.223
液相分数		1	1	1	0.777
焓/(10^5 cal/s)		-10.700	-1.080	-10.500	-1.020
熵/[cal/(mol·K)]		-39.550	-314.580	-36.900	-285.370
项目		塔顶采出	塔釜采出	产品	溶剂
质量流量/(kg/h)	水	7.920	5.200×10^{-12}	8.960×10^{-14}	5.110×10^{-12}
	异丁酸	10.380	1.450	0.020	1.420
	异丁醛	6.685	1.240×10^{-7}	2.140×10^{-9}	1.220×10^{-7}
	TMPD	5.97×10^{-5}	0.348	6.00×10^{-3}	0.342
	TXIB	0.010	354.340	6.100	348.240
总流量/(kg/h)		25.000	356.130	6.130	350.000
温度/K		347.790	545.970	545.970	545.970
压力/atm		1	1	1	1
气相分数		0	0	0	0
液相分数		1	1	1	1
焓/(10^5 cal/s)		-0.137	-0.825	-0.014	-0.810
熵/[cal/(mol·K)]		-57.300	-370.280	-370.280	-370.280

7.5 工艺流程动态控制

7.5.1 复杂网络选取关键变量

表 7-23 列出了废水处理系统的 19 个变量，包括流量、温度、压力、液位和组成。表 7-24 中列出了废水处理系统以温度和流量变量为例的变量间相互关系，其中"＋"表示两个变量之间存在直接相关关系，空白表示两个变量之间无直接相关关系。

表 7-23　废水处理系统的所有变量

序号	名称	描述
1	F1	进料流量,kg/h
2	F2	硫酸流量,kg/h
3	F3	混合器出口流量,kg/h
4	W1	水物流中水的质量分数,%
5	T1	反应温度,K
6	F4	循环流量,kg/h
7	F5	酯化剂流量,kg/h
8	T2	精馏塔顶温度,K
9	P1	精馏塔压力,atm
10	L1	精馏塔液位,%
11	F6	塔顶馏出物流量,kg/h
12	F7	溶剂流量,kg/h
13	L2	萃取塔液位,%
14	T3	进料温度,K
15	P2	进料压力,atm
16	T4	循环温度,K
17	P3	循环压力,atm
18	P4	反应器压力,atm
19	F8	油相流量,kg/h

表 7-24　变量之间的关系

项目	F1	F2	F3	F4	T1	T2	F5	T3	F6	F7	F8	T4
F1			＋	＋			＋		＋	＋	＋	
F2			＋	＋			＋		＋	＋	＋	
F3				＋			＋		＋	＋	＋	
F4		＋	＋	＋			＋		＋	＋	＋	
T1						＋						＋
T2								＋				

项目	F1	F2	F3	F4	T1	T2	F5	T3	F6	F7	F8	T4
F5									+	+		
T3					+	+						+
F6											+	
F7		+	+	+			+		+		+	
F8									+	+		
T4								+				

在上述基础上，假设每个变量代表一个节点，然后根据这些变量之间的关系将它们抽象成一个多节点的网络拓扑结构。采用基于点度中心性（DC）、中间中心性（BC）、接近中心性（CC）和特征向量中心性（EC）四个指标的多属性决策方法对节点的重要性进行评估。DC、BC、CC、EC 四个评价指标如式（7-11）～式（7-14）所示。其中，k_i 代表网络中与节点 i 关联的边数；g_{jh} 代表节点 j 和节点 h 之间最短路径的总数；g_{jh}（i）代表通过节点 i 的最短路径数量；d_{ij} 是以节点 i 为起点，以 j 为终点的最短路径中所含边的数量；n 是节点的总数；λ 是相邻矩阵的最大特征值。

$$\mathrm{DC}_i = k_i \tag{7-11}$$

$$\mathrm{BC_i} = \sum_{j}^{n}\sum_{h}^{n} \frac{g_{jh}(i)}{g_{jh}}, j \neq h \neq i \tag{7-12}$$

$$\mathrm{CC}_i = n / \sum_{j=1}^{n} d_{ij} \tag{7-13}$$

$$\mathrm{EC}_i = \lambda^{-1} \sum_{j=1}^{n} a_{ij} x_j \tag{7-14}$$

将表 7-24 的变量间关系抽象为邻接矩阵，最终得到废水处理系统的复杂网络拓扑结构，如图 7-25 所示。

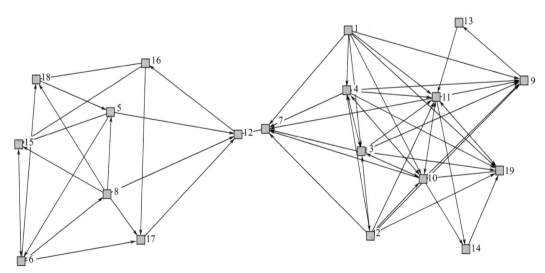

图 7-25 废水处理系统复杂网络拓扑结构

通过下面的四个步骤可以确定废水处理系统的关键变量。首先，构建结构决策矩阵，如式(7-15)所示。废水处理网络由 19 个节点组成，因此要评估的节点向量表示为 $\boldsymbol{X}=[x_1, x_2, \cdots, x_{19}]^{\mathrm{T}}$。其中，$\boldsymbol{S}=[s_1, s_2, s_3, s_4]^{\mathrm{T}}$ 表示 DC、BC、CC、EC 四个评价指标，$x_i(s_j)$ 表示第 i 个节点的第 j 个评价指标。

$$P = \begin{bmatrix} x_1(s_1) & x_1(s_2) & x_1(s_3) & x_1(s_4) \\ x_2(s_1) & x_2(s_2) & x_2(s_3) & x_2(s_4) \\ \vdots & \vdots & \vdots & \vdots x_{19} \\ x_{19}(s_1) & x_{19}(s_2) & x_{19}(s_2) & x_{19}(s_4) \end{bmatrix} \tag{7-15}$$

其次，为了便于比较，将决策矩阵 $\boldsymbol{P}$ 通过式(7-16)进行归一化，记为 $\boldsymbol{R}=(r_{ij})_{19\times 4}$。设第 j 个指标的权重为 $w_j(j=1,2,3,4)$ 和 $\sum w_j=1$，并根据层次分析法计算 DC、BC、CC、EC 四个指标的权重，结果为 $\overline{w_j}=(0.0625, 0.1875, 0.1875, 0.5625)^{\mathrm{T}}$。因此，结构加权归一化矩阵 $\boldsymbol{Y}=(w_j r_{ij})_{19\times 4}$ 表示为式(7-17)。

$$R_{ij} = \frac{x_i(s_j)}{x_i(s_j)_{\max}} \tag{7-16}$$

$$Y = [y_{ij}] = \begin{bmatrix} r_{11}w_1 & r_{12}w_2 & r_{13}w_3 & r_{14}w_4 \\ r_{21}w_1 & r_{22}w_2 & r_{23}w_3 & r_{24}w_4 \\ \vdots & \vdots & \vdots & \vdots \\ r_{191}w_1 & r_{192}w_2 & r_{193}w_3 & r_{194}w_4 \end{bmatrix} \tag{7-17}$$

根据矩阵 $\boldsymbol{Y}$，由 $y_{j\max}$ 和 $y_{j\min}$ 可以确定最佳解 $\boldsymbol{A}^+$ 和最差解 $\boldsymbol{A}^-$，见式(7-18)和式(7-19)，其中 $\boldsymbol{L}$ 表示变量指标集，即 $\boldsymbol{L}=\{1,2,\cdots,19\}$。

$$\boldsymbol{A}^+ = \{\max_{i\in \boldsymbol{L}}(y_{i1}, y_{i2}, y_{i3}, y_{i4})\} = \{y_{1\max}, y_{2\max}, y_{3\max}, y_{4\max}\} \tag{7-18}$$

$$\boldsymbol{A}^- = \{\min_{i\in \boldsymbol{L}}(y_{i1}, y_{i2}, y_{i3}, y_{i4})\} = \{y_{1\min}, y_{2\min}, y_{3\min}, y_{4\min}\} \tag{7-19}$$

最后，根据式(7-20)和式(7-21)计算第 i 个变量的最佳解偏差距离 D_i^+ 和最差解偏差距离 D_i^-，其中 m 表示评价指标个数。第 i 个变量的综合评价指标 C_i 由式(7-22)计算，C_i 值越大，表示第 i 个节点越重要。表 7-25 列出了所有变量的 C_i 值计算结果。

$$D_i^+ = \sqrt{\sum_{j=1}^{m}(y_{ij}-y_{j\max})^2} \tag{7-20}$$

$$D_i^- = \sqrt{\sum_{j=1}^{m}(y_{ij}-y_{j\min})^2} \tag{7-21}$$

$$C_i = \frac{D_i^-}{(D_i^+ + D_i^-)} (i=1,2,\cdots,n) \tag{7-22}$$

由表 7-25 可以看出，C_i 值最大的前两个变量分别是溶剂流量（F7）和反应温度（T1），证明这两个变量对系统的影响比其他变量更大。所以在接下来的控制方案讨论中，对这两个变量进行了严格的分析和控制。

表 7-25　所有变量的 C_i 值

变量	C_i	变量	C_i	变量	C_i	变量	C_i
$F7$	**0.8072**	$F2$	0.6907	$F6$	0.2906	$P3$	0.0583
$T1$	**0.7709**	$F1$	0.6821	$L2$	0.2131	$F4$	0.0464
$L1$	0.765	$F8$	0.6594	$T2$	0.0901	$P2$	0.0364
$F3$	0.7354	$P1$	0.6509	$F5$	0.0796	$P4$	0.0364
$W1$	0.7354	$T3$	0.3334	$T4$	0.0646		

7.5.2　工艺流程动态控制方案设计

应提供进行动态仿真的设备信息，如物理尺寸和安装信息[17]。在给定气相流量的情况下，通过 Aspen Tray 确定蒸馏装置的塔径为 0.80 m，上段为 0.95 m。每个托盘上的压降和堰高分别设置为 0.01 bar❶ 和 0.03 m。回流蓄能器的直径和长度分别设定为 2 m 和 5 m，总容积为 50 m³，可容纳 250 kmol 的冷凝液。为泵和阀门设置适当的压降，以计算压力分布。表 7-26 列出了动态模拟所使用的所有参数。

表 7-26　各设备运行参数

单元		直径/m	高度/m	压力/atm	温度/K	有效状态
闪蒸罐		2	4	1	30	液相、气相
全混流反应器		1	2	1	130	液相、气相
精馏塔		2	5	1	20	液相、气相
阀	V1,V2			1		仅液相
	V3,V4,V5			2		仅液相
	V6,V7,V8,V9			3		仅液相
	V10,V11			1		仅液相
泵	P1,P2			2		仅液相
	P3			1.5		仅液相
	P4,P5			3		仅液相
	P7			3.5		仅液相

Aspen Dynamics 软件的初始动态仿真流程图如图 7-26 所示。表 7-27 列出了增加的几个控制器，包括流量控制器、温度控制器、压力控制器、液位控制器和组分控制器。采用 Ty-reus-Luyben 方法对控制器进行 PID 参数的设置[18]。

---

❶　1 bar＝10^5 Pa。

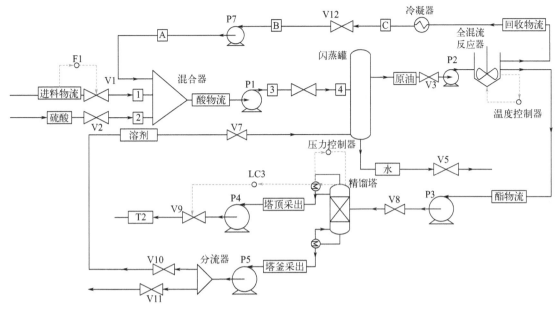

图 7-26　初始动态控制结构

表 7-27　控制器参数

控制器	增益 K_c	积分时间 t_i/min
压力控制器	20	12
液位控制器	12	8
流量控制器	2	20
温度控制器	10	9
组成控制器	8	20

7.5.3　动态模拟结果与讨论

在上述流程和参数的基础上，利用 Aspen Dynamics 软件进行动态仿真。各主要物流中水的组成如图 7-27 所示。可以看出，萃取塔底部物流中水的质量分数最终趋于稳定值 0.9748，而其他物流中水的质量分数随时间的增加略有提高，这证明了图 7-26 所示控制方案的有效性。

正常运行 3 h 后，增加和降低 10% 萃取剂流量扰动后，各主要物流中水的质量分数变化如图 7-28 所示。图 7-28(a) 显示了在萃取剂流量增加 10% 后，萃取塔底部物流中水的质量分数略有增加，证明了处理效果更好。图 7-28(b) 显示了在萃取剂流量降低 10% 后，分离器底部水的质量分数略有下降。与此同时，除萃取塔底部物流中水的质量分数稳定外，其他主要物流中水的流量在 60 h 内未趋于平稳，所以降低萃取剂进料流量对整个系统有负面影响，在这种情况下控制系统不稳定。因此，有必要对初始控制方案进行优化。

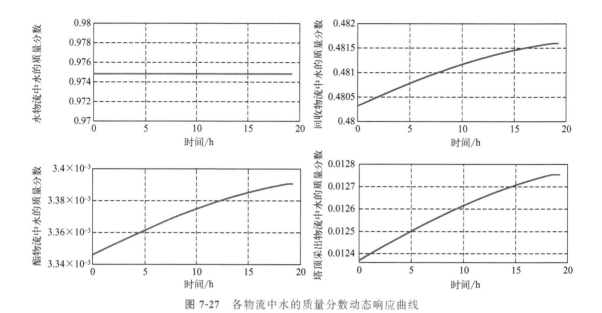

图 7-27 各物流中水的质量分数动态响应曲线

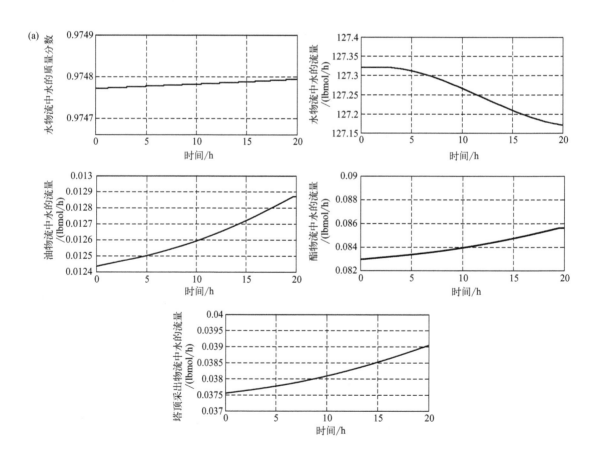

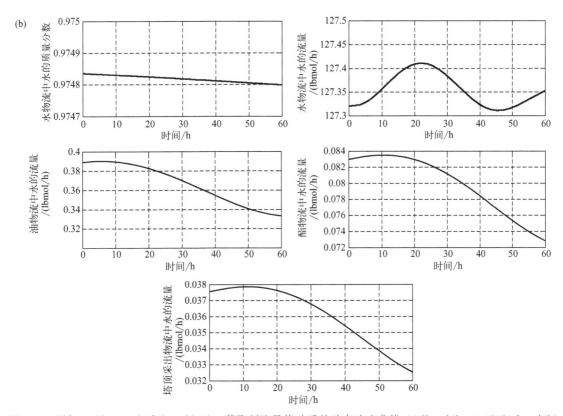

图 7-28　增加 10% （a）和减少 10% （b）萃取剂流量扰动后的动态响应曲线 （1 lbmol/h=0.45359 kmol/h）

反应器温度控制对反应至关重要。正常运行 3 h 后，通过调节夹套加热蒸汽的流量来增加和降低 10% 反应温度扰动，对各主要物流中水的质量分数的影响如图 7-29 所示。从图 7-29（a）和图 7-29（b）可以看出，反应温度变化对萃取效果影响较小，证明这种情况下控制系统是稳定的。

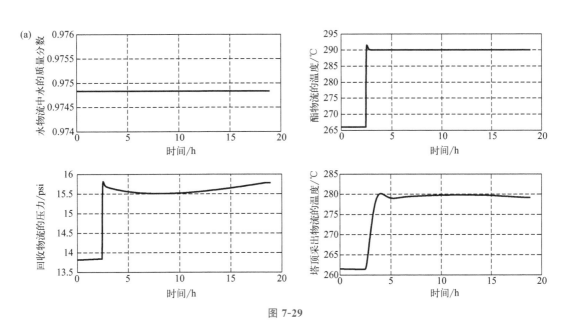

图 7-29

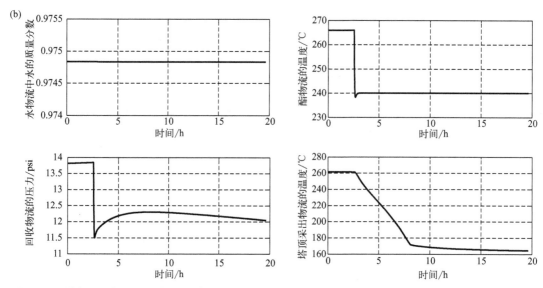

图 7-29   增加 10% （a）和减少 10%（b）反应器温度扰动后的动态响应曲线（1 psi=68694.757 Pa）

综上所述，图 7-26 所示的控制方案结构简单，处理后的废水质量能够得到稳定的保证。但在该控制系统的监控下，工艺参数在遇到扰动时仍存在明显偏差。因此，控制结构需要进一步改进，以满足系统的稳定性要求。

在上述初始控制方案的基础上，提出了另外三种方案，通过比较和分析系统在特定扰动下的偏差来确定最优控制方案。图 7-30 为控制方案Ⅰ，在简单控制方案的基础上增加了一个串级控制器来控制萃取塔的底部流量。图 7-31 为控制方案Ⅱ，该控制方案在方案Ⅰ的基础上增加了温度控制器，使循环组分在萃取塔前充分液化。图 7-32 为控制方案Ⅲ，在方案Ⅰ的基础上补充了两个流量控制器，对循环流量和硫酸进料进行调节。

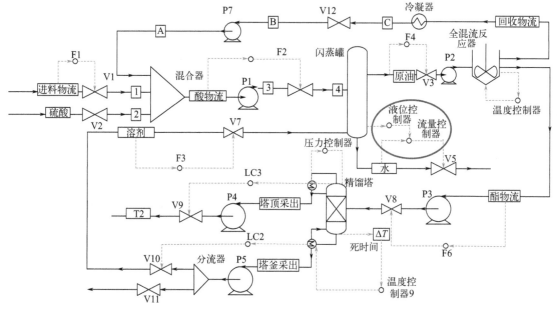

图 7-30   动态控制方案Ⅰ

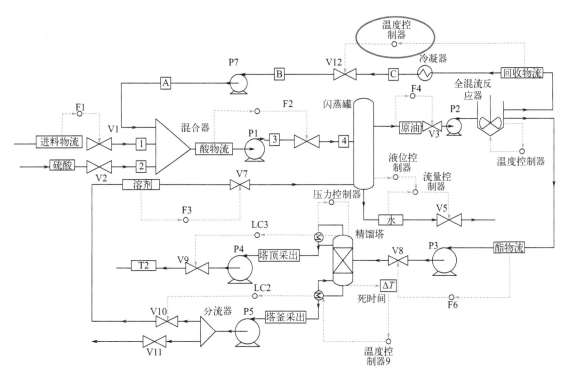

图 7-31　动态控制方案 Ⅱ

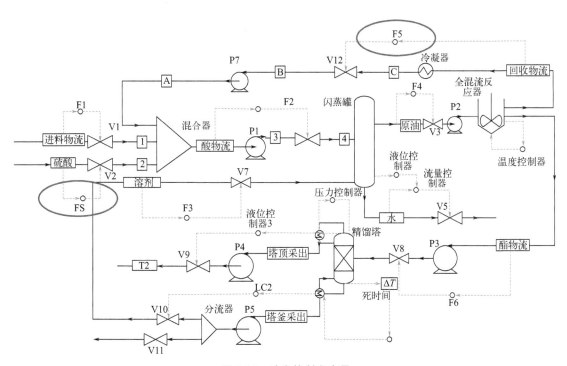

图 7-32　动态控制方案 Ⅲ

采用统一减小溶剂中萃取剂流量的扰动来评价各控制方案的系统稳定性，各方案动态响应曲线如图 7-33～图 7-35 所示。从这三个图可以看出，各控制方案均能满足废水质量要求。四种方案的对比结果如表 7-28 所示。与其他控制方案相比，简单控制系统简单可控，控制变量数量少，但其抗干扰能力中等，恢复时间较其他方案长。相对而言，方案Ⅲ在添加扰动后的恢复时间较短，系统稳定性较好。

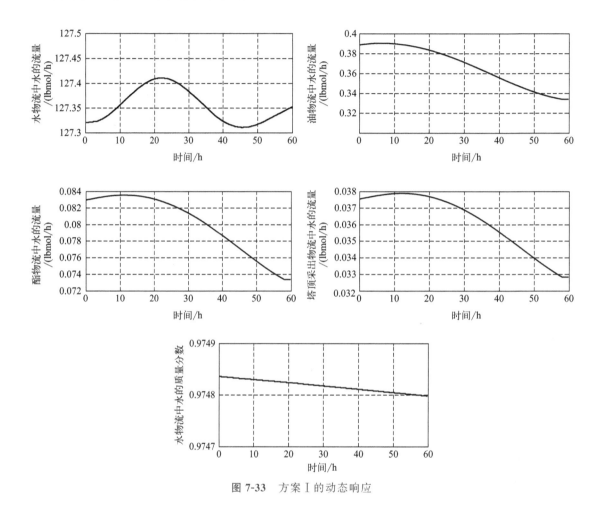

图 7-33　方案Ⅰ的动态响应

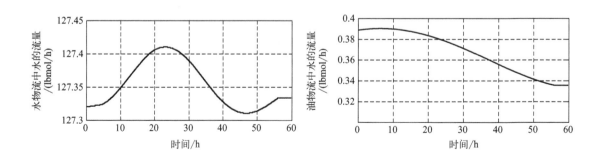

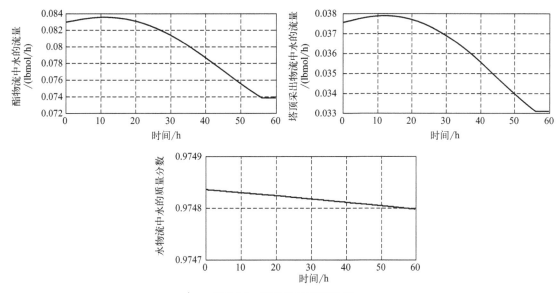

图 7-34 方案 II 的动态响应

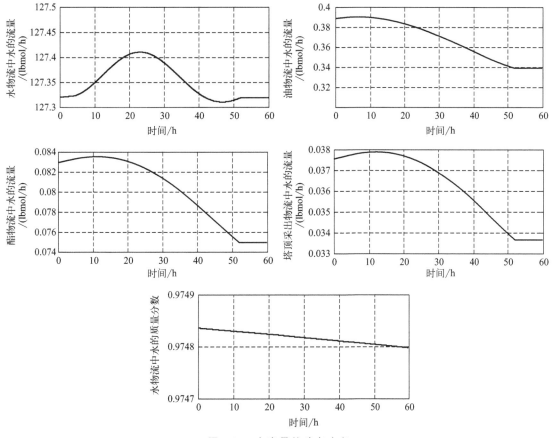

图 7-35 方案 III 的动态响应

表 7-28 不同控制方案的对比结果

项目	简单控制系统	方案Ⅰ	方案Ⅱ	方案Ⅲ
恢复时间/h	60	58	56	52
操作变量数目	10	12	13	14

本章小结

针对 Eastman 生产废水的组成和流程模拟参数支撑不足的问题，本章提出了模拟计算与实验分析相结合的过程设计方法，用模拟计算结果指导实验，再利用实验结果补充模拟基础数据，实现了设计与操作的最优化，确定了"以废治废"的工艺，避免了外加萃取剂所带来的回收问题。主要结论如下：

（1）通过萃取分离效果的探究得到了萃取塔最佳操作条件为：常温常压操作，萃取剂流量为 350 kg/h，萃取塔塔板数为 8 块。

（2）通过酯化反应实验得到了反应温度为 130 ℃、反应时间为 3.5 h 和催化剂用量为6%酸质量的最佳反应条件。

（3）通过精馏塔模拟可以得出精馏塔处理量在连续工作中几乎恒定，各组分均实现了较好的分离，有的回收率甚至达到100%。塔顶温度和塔釜温度随进料流量的增加分别升高和降低。塔板数为 8 块。

（4）通过工艺流程模拟优化可以得出萃取剂的循环量为 350 kg/h。

（5）通过对比废水处理流程的不同动态控制方案最终确定方案Ⅲ为最佳控制方案，处理后的废水中水的质量分数能稳定在 0.9748 左右，证明优化的废水处理流程满足设计需要。

本章通过流程模拟与实验测试相结合的过程设计方法得到了"以废治废"废水处理工艺的最优操作条件，为其他类似高浓度有机废水的治理提供了新的思路。

参考文献

[1] Li Z，Liu F，You H，et al. Advanced treatment of biologically pretreated coal chemical industry wastewater using the catalytic ozonation process combined with a gas-liquid-solid internal circulating fluidized bed reactor [J]. Water Science and Technology. 2018，77（7）：1931-1941.

[2] Kun Z，He D，Guan J，et al. Thermodynamic analysis of chemical looping gasification coupled with lignite pyrolysis [J]. Energy，2019，166：807-818.

[3] Jin L，Li Y，Feng Y，et al. Integrated process of coal pyrolysis with CO_2 reforming of methane by spark discharge plasma [J]. Journal of Analytical and Applied Pyrolysis，2017，126：194-200.

[4] Zheng M，Xu C，Zhong D，et al. Synergistic degradation on aromatic cyclic organics of coal pyrolysis wastewater by lignite activated coke-active sludge process [J]. Chemical Engineering Journal，2019，364：410-419.

[5] Zhang Z，Han Y，Xu C，et al. Effect of low-intensity direct current electric field on microbial nitrate removal in coal pyrolysis wastewater with low COD to nitrogen ratio [J]. Bioresource Technology，2019，287：121465.

[6] Li C，Li G，Zhang S，et al. Study on the pyrolysis treatment of HPF desulfurization wastewater using high-temperature waste heat from the raw gas from a coke oven riser [J]. RSC Advances，2018，8（54）：30652-30660.

[7] Anaya-Esparza L M，Ramos-Aguirre D，Zamora-Gasga V M，et al. Optimization of ultrasonic-assisted extraction of phenolic compounds from Justicia spicigera leaves [J]. Food Science and Biotechnology，2018，27（4）：1093-1102.

［8］ Xu W，Zhang Y，Cao H，et al. Metagenomic insights into the microbiota profiles and bioaugmentation mechanism of organics removal in coal gasification wastewater in an anaerobic/anoxic/oxic system by methanol ［J］. Bioresource Technology，2018，264：106-115.

［9］ Ji Q，Tabassum S，Hena S，et al. A review on the coal gasification wastewater treatment technologies：Past，present and future outlook ［J］. Journal of Cleaner Production，2016，126：38-55.

［10］ Seuring S，Müller M. From a literature review to a conceptual framework for sustainable supply chain management ［J］. Journal of Cleaner Production，2008，16 (15)：1699-1710.

［11］ Feng Y，Song H，Xiao M，et al. Development of phenols recovery process from coal gasification wastewater with mesityl oxide as a novel extractant ［J］. Journal of Cleaner Production，2017，166：1314-1322.

［12］ Liao M，Zhao Y，Ning P，et al. Optimal design of solvent blend and its application in coking wastewater treatment process ［J］. Industrial & Engineering Chemistry Research，2014，53 (39)：15071-15079.

［13］ Guimarães A S，Mansur M B. Selection of a synergistic solvent extraction system to remove calcium and magnesium from concentrated nickel sulfate solutions ［J］. Hydrometallurgy，2018，175：250-256.

［14］ Huang P W，Wang C Z，et al. Theoretical studies on the synergistic extraction of Am^{3+} and Eu^{3+} with CMPO-HDEHP and CMPO-HEH ［EHP］ systems ［J］. Dalton Transactions，2018，47 (15)：5474-5482.

［15］ Luo S，Gao L，Wei Z，et al. Kinetic and mechanistic aspects of hydroxyl radical-mediated degradation of naproxen and reaction intermediates ［J］. Water Research，2018，137：233-241.

［16］ Burns E E，Carter L J，Kolpin D W，et al. Temporal and spatial variation in pharmaceutical concentrations in an urban river system ［J］. Water Research，2017，168：302-310.

［17］ Sisto R，Sica E，Lombardi M，et al. Organic fraction of municipal solid waste valorisation in southern italy：The stakeholders' contribution to a long-term strategy definition ［J］. Journal of Cleaner Production，2017，168：302-310.

［18］ Hu G，Li J，Hou H. A combination of solvent extraction and freeze thaw for oil recovery from petroleum refinery wastewater treatment pond sludge ［J］. Journal of Hazardous Materials，2015，283：832-840.

第 8 章

双极膜电渗析处理催化裂化高盐废水工艺设计

8.1 引言

双极膜电渗析（bipolar membrane electrodialysis，BMED）因其较好的技术先进性、环境和经济效益而受到全球关注。本章以模拟为主，实验为辅，采用 BMED 技术处理高盐废水，并对处理效果进行探讨。为降低 BMED 废水处理流程的功耗，采用太阳能有机朗肯循环（solar organic Rankine cycle，SORC）技术发电。最后利用传统多效蒸发（multi-effect evaporation，MEE）技术研究了相同成分废水的处理过程，综合研究了 BMED 和 MEE 两种技术的处理效果。

8.2 双极膜电渗析实验

8.2.1 实验材料

使用分析纯试剂，在 $1\ L$ 蒸馏水中溶入 $86.62\ g$ 硫酸钠，得到模拟废水。实验膜及其主要参数如表 8-1 和表 8-2 所示。

表 8-1　实验材料及厂家信息

实验材料	产品名称	有效膜面积/m^2	厂家信息
阳离子交换膜（CM）	TRJCM	2.00×10^{-2}	北京廷润膜技术开发股份有限公司
阴离子交换膜（AM）	TRJAM	2.00×10^{-2}	北京廷润膜技术开发股份有限公司
双极膜（BM）	TRJBM	2.00×10^{-2}	北京廷润膜技术开发股份有限公司

表 8-2　膜参数

膜	性能参数					
	厚度/mm	离子交换容量/(mol/kg)	表面阻力/(Ω/cm^2)	迁移数	胀破强度/kPa	水分离率
TRJCM	$0.16\sim0.23$	$1.70\sim2.00$	$2.50\sim5.50$	$95.00\sim99.00$	$\geqslant250$	—
TRJAM	$0.16\sim0.23$	$1.50\sim1.80$	$5.00\sim8.30$	$90.00\sim95.00$	$\geqslant250$	—

膜	性能参数					
	厚度/mm	离子交换容量/(mol/kg)	表面阻力/(Ω/cm²)	迁移数	胀破强度/kPa	水分离率
TRJBM	0.16~0.23	1.40~1.80 0.70~1.10	—	90.00~95.00	≥250	≥0.95

8.2.2 实验过程

BMED 装置如图 8-1 所示，其制造商与实验膜相同。膜之间的宽度约为 3 mm，BMED 设备在运行过程中具有恒定的温度和电流密度。BMED 有 10 个膜堆单元，每个均包含 BM-AM-CM-BM 四膜和碱室、盐室、酸室三室。

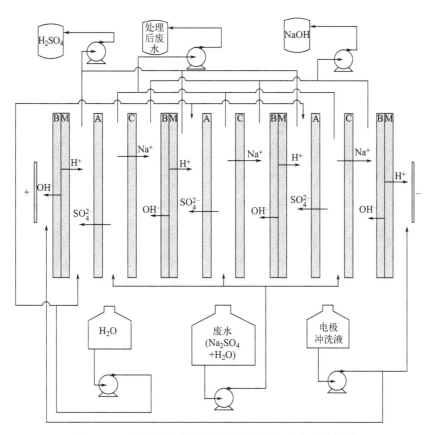

图 8-1 双极膜电渗析技术处理硫酸钠废水实验装备图

实验时，6 L 纯水被分别泵入酸室和碱室，同时 8.50 L 初始浓度为 86.62 g/L 的模拟废水被通入盐腔。随着实验时间的延长，盐室中的硫酸钠溶液在电渗析作用下逐渐被消耗，并在酸室和碱室中不断产生硫酸溶液和氢氧化钠溶液。将上述的酸、碱溶液以及硫酸钠废水进行循环，最后可得到一定纯度的硫酸、氢氧化钠溶液和低浓度的硫酸钠废水。保持溶液温度为 15 ℃，实验时间为 12.60 h。最后，从三室中每隔 30 min 取 5 mL 样品，采用滴定法测定硫酸浓度，铬酸钡分光光度法测定硫酸离子浓度，以水箱刻度变化来计算各种溶液的体积变化。

8.2.3 结果分析

分别采用 20 mA/cm^2、25 mA/cm^2、35 mA/cm^2 和 45 mA/cm^2 的电流密度测试 BMED 废水处理过程，因为这一操作条件对双极膜电渗析结果影响明显。图 8-2 为不同电流密度下酸室产生硫酸的质量分数随时间变化情况。

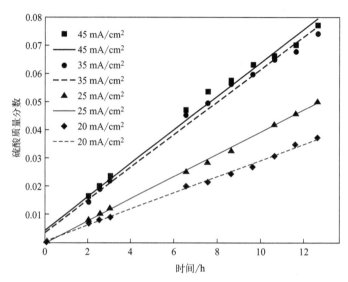

图 8-2　不同电流密度和时间下酸室硫酸的质量分数

图 8-2 中的点代表实验数据，线代表数据拟合结果，共有四种不同的电流密度。可见，硫酸的质量分数随操作时间和电流密度的增加而不断增加，合适的实验条件应该按照国家规定的 1％ 的废水中盐的质量分数来确定。当电流密度为 35 mA/cm^2，操作时间为 12.60 h 时，废水中硫酸和硫酸钠的质量分数分别为 7.60％ 和 0.28％，此时废水中硫酸钠的质量分数已经小于 1％，符合高盐废水排放要求。如果进一步增加处理时间，一方面会带来更高的经济成本，另一方面也很难达到大幅降低废水中硫酸钠含量的效果。基于以上分析，因此将废水处理时间设定为 12.60 h，考察酸室中硫酸质量分数与电流密度的关系（见图 8-3）。

图 8-3 表明，在电流密度低于 35 mA/cm^2 时，曲线斜率大，但斜率变化不大，说明这一范围内电流密度的增大显著影响着酸室产生硫酸的质量分数。在电流密度大于 35 mA/cm^2 时，曲线斜率变小，说明此时产生硫酸的质量分数受影响较小。增加电流密度会降低电流效率且导致能耗升高，尽管此种情况下生产率会有一定程度的增加。基于此，最终将 35 mA/cm^2 设为适宜的电流密度。式(8-1) 为电流密度与酸室中产生的硫酸质量分数之间的非线性关系，该关系根据图 8-3 中的数据拟合得到。

$$y = -0.0026x^2 + 0.2346x + 2.4198 \tag{8-1}$$

式中，x 和 y 分别代表电流密度和酸室中硫酸的质量分数。在固定电流密度为 35 mA/cm^2 时，酸室中硫酸、碱室中氢氧化钠和盐室中硫酸钠浓度的动态变化如图 8-4 所示。

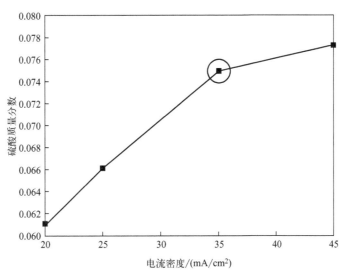

图 8-3   相同时间内酸室硫酸质量分数随电流密度的变化

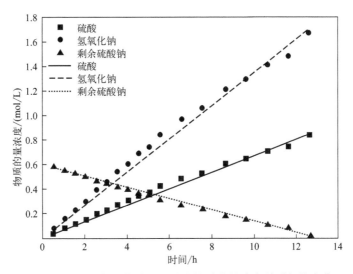

图 8-4   硫酸、氢氧化钠、硫酸钠物质的量浓度随时间的变化

图 8-4 中，线为拟合点代表的实验数据所得的结果。可见，废水中硫酸和氢氧化钠随着实验时间延长而增加，而硫酸钠正相反，说明在 BMED 实验中反应掉了硫酸钠，得到了硫酸和氢氧化钠产物。式(8-2) 给出了酸室内硫酸浓度的动态变化函数式。

$$c_a = 0.067t + 0.007 \tag{8-2}$$

由 BMED 的实验原理可知，碱室产生的氢氧化钠是酸室产生的硫酸的两倍，所以盐室中残留的硫酸钠物质的量浓度可由式(8-3) 计算得到。

$$c_s = \frac{c_{s0}V - c_a V_a}{V} \tag{8-3}$$

式(8-2) 和式(8-3) 中，c_{s0} 为废水中硫酸钠的初始浓度；V_a 和 V 分别为硫酸和废水的体积；c_a 和 c_s 分别为酸室里得到的硫酸和盐室中剩余的硫酸钠的物质的量浓度；t 为操作时间。

　　本章实验研究的重点是高盐废水处理效果，但也必须考虑能源消耗和经济效益。图 8-5 给出了随着操作时间的延长，电流效率和能耗的变化情况。

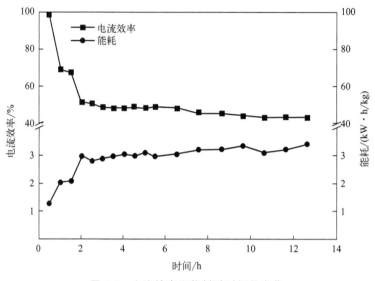

图 8-5　电流效率和能耗随时间的变化

　　从图 8-5 的数据变化规律可以看出，在 0～2 h 内，电流效率、能耗分别与运行时间成反比和成正比。在运行时间超过 2 h 后，即使进一步增加运行时间，其能耗和电流效率也变化不大。此时，处理效果略有改善，但设备使用时间加长，导致使用寿命降低。针对初始含盐量小于 3% 的废水，经过 2 h 的实验即可达到理想的处理效果[1]。但上述报道中的废水浓度与本研究对象有着明显的不同（本研究所处理的废水初始含盐量为 8%），故 2 h 内本实验不易达到处理要求。本实验实际测试结果中，12.60 h 时废水中盐质量分数达到了 0.28%，而盐去除率也达到了 96.73%。因此，我们将最佳运行时间设定为 12.60 h。对能耗 E_C 进行计算 [式(8-4)]，因为能源消耗直接影响废水处理成本。

$$E_C = \frac{I \int U \mathrm{d}t}{m} [\mathrm{kW \cdot h/kg}(\text{处理盐})] \tag{8-4}$$

式中，m 为废水实验中要处理的硫酸钠质量；U 为实验电压；I 为实验电流；t 为实验时间。

8.3　双极膜电渗析过程模拟及结果分析

8.3.1　过程模拟

　　采用实验/模拟协同的方式研究双极膜电渗析过程，可以提高单一方式选择最佳工艺方案的效率并降低了成本。所以，优化设计和运行 BMED 装置，可以通过模拟方法提供理论依据。化学工业界从理论和实践两个方面对仿真过程进行了深入的研究和广泛的运用。然而，已有的化工流程模拟软件在 BMED 模块功能上不够完善，不易直接依托模拟手段摸索最优操作条件，给废水处理投产前的工艺研究带来了一定的不便。所以，本节在 Excel 模板中自定义了 BMED 设备所需的方程和参数，将实验数据与模型有机统一，并选择合适的导出接口，开发了符合实际需要的模块，实现了高盐废水处理过程的模拟。图 8-6 为采用 BMED 技术处理硫酸钠废水的模拟流程图。

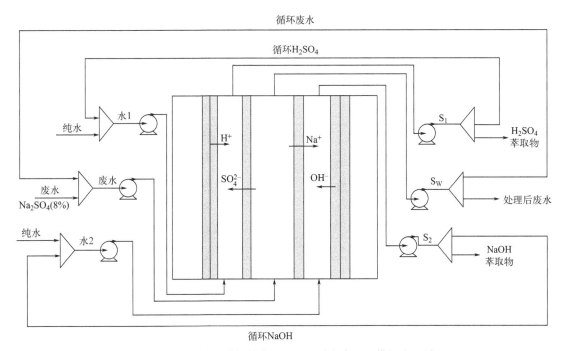

图 8-6 双极膜电渗析技术处理硫酸钠废水过程模拟流程图

如图 8-6 所示，废水通过双极膜进入双极膜催化剂层后迅速分解为 H^+ 和 OH^-，之后通过双极膜分别进入酸室和碱室。对于在盐室中电解的强电解质硫酸钠，钠离子通过阳离子交换膜到达碱室，与 OH^- 反应得到氢氧化钠；硫酸离子通过阴离子交换膜到达酸室，与 H^+ 反应得到硫酸。同时，为使废水中硫酸钠达到国家排放标准，三室溶液通过泵在各个室内循环流动。碱室产生的氢氧化钠溶液由泵输送到氢氧化钠罐，酸室产生的硫酸溶液由泵输送到硫酸罐。最后，硫酸钠废水在盐室内浓度低至已经满足生物处理的要求，所以被送至生物处理单元完成后续处置。

BMED 流程模拟中，采用 ELECNRTL 热力学方法作为全局物理性质方法，这是因为该方法可以计算水和混合电解质系统的离子和分子活度系数。通过 Aspen_IntParams、Aspen_RealParams、Aspen_Output、Aspen_Input、Sheet 定义 BMED 设备，根据上述实验数据和模型表达式在 Excel 中定制模型。

（1）Aspen_IntParams 为需要处理的参数输入。这一部分需要设置入口物流参数，如供给量、压力、组成、温度等。表 8-3 和表 8-4 列出了具体数值。

表 8-3　进料流股的参数设置

项目	酸室进料	碱室进料	盐室进料
水/(g/L)	1000	1000	（溶剂）
硫酸钠/(g/L)	0	0	100
体积流量/(L/h)	350	350	350
温度/K	300.15	300.15	300.15
压强/atm	2.27	2.27	2.27

表 8-4　Aspen_IntParams 参数输入

参数	数值	定义
1	1000	废水的进入流量,kg/h
2	96487	法拉第常数,C/mol
3	10	BMED 装置的膜堆数

（2）Aspen_RealParams 为用户输入的设备真实参数。包括膜的有效面积、电流密度和室宽度等实际 BMED 设备的固定参数。表 8-5 列出了具体数值。

表 8-5　Aspen_RealParams 参数输入

参数	数值	定义
1	500	SEWATER[①]
2	96487	法拉第常数,C/mol
3	3	BMED 设备的室宽度,cm
4	35	电流密度,mA/cm^2
5	0.02	膜的有效面积,m^2
6	20	c_s,mol/L
7	0.98	水分离效率
8	＝ACE	电流效率,%
9	＝ENE	消耗的能量,kW·h/kg(处理盐)

① SEWATER 为一自定义常数。

（3）Aspen_Input 为输入物流参数部分。在初始化设置中，进料物流流量均为 1。当 Excel 被 Aspen Plus 访问时，该部分会将输入参数值自动读入。

（4）Aspen_Output 为工艺出料数据部分。按质量守恒和电荷守恒列出了出口物流表，以供给量和反应物质来表示，如表 8-6 所示。

表 8-6　Aspen_Output 参数输入

输出	酸室出料	碱室出料	盐室出料
水	＝H$_2$O_1−H$^+$	＝H$_2$O_2−OH$^-$	＝SEA
硫酸钠	0	0	0

输出	酸室出料	碱室出料	盐室出料
氢离子	$=H^+$	0	0
钠离子	0	$=Na^+$	$=2\times(Na_2SO_4\_SEA-SO_4^{2-})$
硫酸	0	0	0
氢氧根离子	0	$=OH^-$	0
硫酸根离子	$=SO_4^{2-}$	0	$=Na_2SO_4\_SEA-SO_4^{2-}$
氢氧化钠	0	0	0
总流量	$=H_2O\_1+SO_4^{2-}$	$=H_2O\_2+Na^+$	$=SEA+3\times(Na_2SO_4\_SEA-SO_4^{2-})$
温度	$=TEMP\_H_2O\_1$	$=TEMP\_H_2O\_2$	$=TEMP\_SEA$
压强	$=PRES\_H_2O\_1$	$=PRES\_H_2O\_2$	$=PRES\_SEA$
气相分数	0	0	0
液相分数	0	0	0
密度	0	0	0
分子量	0	0	0

表 8-6 中的方程来自水和硫酸钠的电离方程,以保持电荷和物质不变。

(5) Sheet 为模型导入部分。基于上面四部分参数,推导出适用于该废水处理过程的模型,输入表格中。这些模型要遵守物料守恒等基本原理,例如出料量等于进料量减去反应消耗量。由于原料用量已定,反应消耗量未知,在模型方程中给出了反应消耗量的计算公式。表 8-7 列出了模型方程参数,这些数据和公式均来自 8.2 节。

表 8-7 Sheet 参数输入

参数	表达式	单位	参数含义
ACE	$=\dfrac{100\times z\times F\times n}{D\times I\times t}$	%	平均电流效率
E_C	$=\dfrac{t\times U\times I}{m}$	kW·h/kg(处理盐)	能量消耗
x	35	mA/cm^2	电流密度
t	12.63	h	操作时间
U	19.60	V	电压
I	$=s\times x$	A	电流
m	$=142\times6\times(0.067\times t+0.007)$	g	处理盐的质量
SO_4^{2-}	$=\dfrac{350\times(0.067\times t+0.007)}{3600\times1000}$	kmol/s	通过膜的硫酸根摩尔流量
H^+	$=2\times SO_4^{2-}$	kmol/s	通过膜的氢离子摩尔流量
Na^+	$=2\times SO_4^{2-}$	kmol/s	通过膜的钠离子摩尔流量
OH^-	$=2\times SO_4^{2-}$	kmol/s	通过膜的氢氧根离子摩尔流量
z	2		硫酸盐的价态
F	96500	C/mol	法拉第常数

参数	表达式	单位	参数含义
n	$=6\times(0.067\times t+0.007)$	mol	硫酸量
D	10		膜对数
s	0.02	m^2	有效膜面积
$c_{SO_4^{2-}}$	$=0.067\times t+0.007$	mol/L	硫酸根的物质的量浓度
c_{H^+}	$=2\times c_{SO_4^{2-}}$	mol/L	氢离子的物质的量浓度
c_{OH^-}	$=2\times c_{SO_4^{2-}}$	mol/L	氢氧根离子的物质的量浓度
c_{Na^+}	$=2\times c_{SO_4^{2-}}$	mol/L	钠离子的物质的量浓度

8.3.2 结果分析

表 8-8 给出了 Excel 从流程模拟软件中物质的物理化学性质和运行结果数据库中读取的模拟结果。

表 8-8 双极膜电渗析技术处理废水的模拟结果

项目		酸室进料	碱室进料	盐室进料	酸室出料	碱室出料	盐室出料
摩尔流量 /(mol/h)	水	1.94×10^4	1.94×10^4	2.45×10^4	1.88×10^4	1.88×10^4	1.94×10^4
	氢离子	3.85×10^{-5}	3.85×10^{-5}	1.25×10^{-4}	6.06×10^2	0	0
	钠离子	0	0	6.24×10^2	0	6.06×10^2	1.80×10^1
	硫酸	0	0	5.29×10^{-17}	0	0	0
	氢氧根离子	3.85×10^{-5}	3.85×10^{-5}	1.25×10^{-4}	0	6.06×10^2	0
	硫酸根离子	0	0	3.12×10^2	3.03×10^2	0	9.12
摩尔分数	水	1	1	9.60×10^{-1}	9.50×10^{-1}	9.40×10^{-1}	9.99×10^{-1}
	氢离子	1.99×10^{-9}	1.99×10^{-9}	4.92×10^{-9}	3.10×10^{-2}	0	0
	钠离子	0	0	2.50×10^{-2}	0	3.00×10^{-2}	9.41×10^{-4}
	硫酸	0	0	2.08×10^{-21}	0	0	0
	氢氧根离子	1.99×10^{-9}	1.99×10^{-9}	4.92×10^{-9}	0	3.00×10^{-2}	0
	硫酸根离子	0	0	1.20×10^{-2}	1.50×10^{-2}	0	4.70×10^{-4}
能耗/[kW·h/kg (处理盐)]		2.68					
平均电流效率/%		51.74					

由上表可以看出，三室出口物流中关键组分的摩尔分数分别为 0.015、0.03 和 4.70×10^{-4}。高盐废水通常采用质量分数单位，因此基于式(8-5)将这些摩尔分数转化为质量分数，分别为 7.66%、6.43% 和 0.37%。

$$w_i=\frac{M_i x_i}{M_i x_i+M_s(100-x_i)}\times100\% \tag{8-5}$$

式中，w_i、x_i 和 M_i 代表组分 i 的质量分数、摩尔分数和摩尔质量；M_s 为溶剂的摩尔质量。上述转化后的质量分数显示，经过 BMED 技术处理后，废水中硫酸钠的质量分数由原来的 8% 减少了 95%，最终排出浓度 0.37% 满足工业废水的排放标准。这一结果得益于 BMED 技术与流程模拟技术的有机结合。在满足废水处理要求之外，该工艺还副产了质量分数为 7.66% 的硫酸和 6.43% 的氢氧化钠，达到了环保和经济指标的协同优化。图 8-7 进一步将上述结果与 8.2 节的实验结果进行了对比。

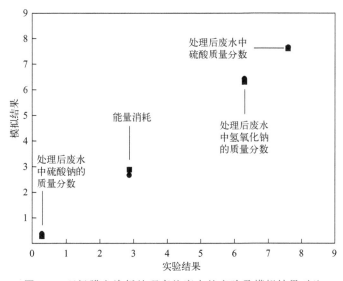

图 8-7　双极膜电渗析处理高盐废水的实验及模拟结果对比

图 8-7 同时给出了 8.2 节的实验结果（方块）和 8.3 节的模拟结果（圆点），可见两种结果吻合。这一验证结果说明，BMED 高盐废水处理工艺可以通过流程模拟方式进行研究，从而为后续工艺优化工作奠定了理论基础，提供了研究平台，大大降低了工艺研究的成本。在后续模拟中，极板、电流效率、膜材料等会因 BMED 实验装置不同而不同，必须在上述基础上对反应器参数进行相应的修正才能保障计算的准确性。

8.4　双极膜电渗析流程的优化

前面的研究结果说明双极膜电渗析可以很好地处理高盐废水，然而以这种方式处理 1 kg 硫酸钠废水需要 2.68 kW·h 的电量，其高能耗问题突出。这些高能耗主要来自燃煤，其燃烧发电不仅破坏了生态环境，还加剧了资源缺乏问题。开发一种环境友好的废水处理工艺是一项具有挑战性的任务，利用可再生清洁能源为 BMED 工艺提供电能，就环境可持续性而言，非常适合这一挑战。本节利用太阳能作为热源，以 SORC 发电实现可持续能源向电能的转换。将作为应用最广泛的低温热电发电工艺 ORC，以及作为清洁可再生资源而广受关注的太阳能二者结合用于解决 BMED 工艺的高能耗问题，具有重要的现实意义。

8.4.1　太阳能热泵系统

ORC 能源效率较低，且需要三台换热设备[2-4]。基于对能耗现状的分析，本节将为换热器提供太阳能热源。太阳能转化为热源的重要装置是太阳能热泵，在已有研究基础上[5]，采用平板式集热器型式在 Trnsys 软件中对其进行建模，建立的平面集热型太阳能热泵系统如图 8-8 所示。

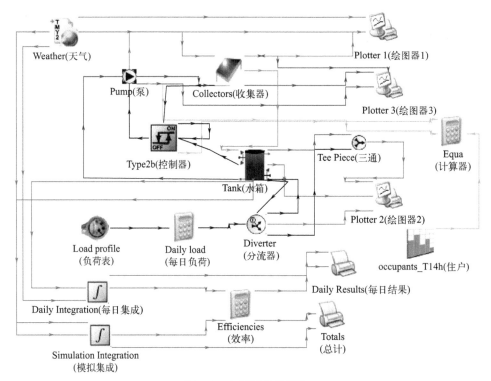

图 8-8　太阳能热泵系统

图 8-8 中的 Weather 是输入天气信息的模块，这里作为案例设定的是潍坊地区的天气信息（生产废水的公司驻地）。Pump 是集热器直接连接到储罐间输送流体的泵模块，是一种可以改变流速以保持太阳能集热器出口流量稳定的设备。实际运行中，需要满足两个 Pump 运行的条件：一是设计规定的温差要达到，二是需要太阳光线照射。在图 8-8 的太阳能热泵系统中，这两个条件由 Type 2b 和 occupants_T14h 两个控制器来完成。系统配置时，温差大于 52 ℃ 时开启控制功能，以及在 8：00—17：00 之间开启控制器（该时间段内阳光充裕）。为了符合两种控制器的一致运行要求，使用计算器模块（Equa）对泵进行设置。图 8-9 给出了系统模拟结果。

图 8-9 中水箱和太阳能的出口温度只有较小的波动。太阳能集热器水温全年有所变化，为 80～100 ℃（当年 11 月至次年 3 月）以及 110 ℃ 左右（次年 4 月到 10 月），这与全年季节变化相一致。

8.4.2　太阳能有机朗肯循环

基于 8.4.1 节的太阳能热泵系统模拟结果，在流程模拟软件中，有机工质采用正戊烷，冷凝剂采用废水，模拟 SORC 发电过程，如图 8-10 所示。该系统利用太阳能热源为热交换器提供热量，并于太阳能集热器与换热器之间加装阀门，控制冷、热水流量进行换热。

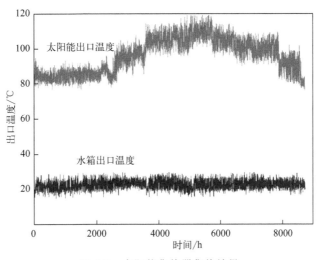

图 8-9 太阳能集热器集热效果

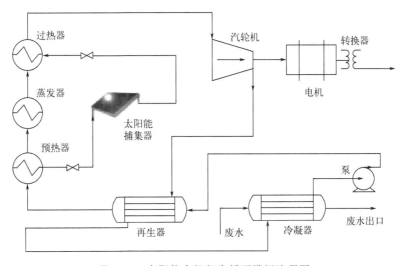

图 8-10 太阳能有机朗肯循环模拟流程图

在图 8-10 中，冷凝器（COND）以废水为冷凝剂，通过与热物流（正戊烷）交换热量来实现热交换。在该过程中，冷凝的正戊烷在热交换器中被再次加热到沸点，其所需的热量由以水为热流体的太阳能热泵系统提供，而同时对废水进行加热处理以利于 BMED 废水的进一步处理。系统可以产生 BMED 所需的动力，其动力来源是 ORC 涡轮机的膨胀蒸汽驱动发电，实现对废水处理过程中消耗电能的补充，从而达到节省电能的目的。经过模拟，该工艺的发电功率为 2.88 kW。该工艺将废水作为冷却剂处理，其主要优点为既实现了工质冷却，又加热了废水，有利于废水的深入处理，而且，系统取代了传统的供热方式，利用太阳能输送绿色无污染的热量用于换热，达到了节约能源的目的。针对现实工业生产中的大规模废水处理，在本研究的基础上，可以通过适当增加集热器的面积、调整集热器与地面的倾角、增加集热器的数量等措施来提高发电量。图 8-11 为废水处理工艺以及处理流程优化进行整体模拟的流程，其模拟平台是 Aspen Plus 软件。

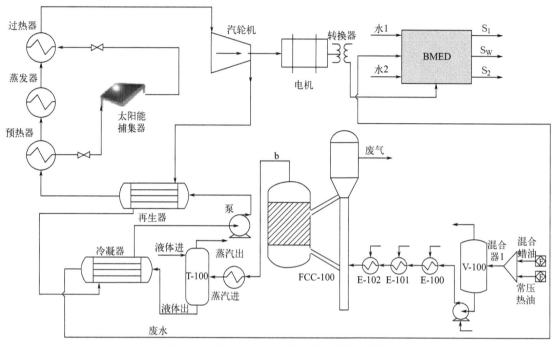

图 8-11　废水产生和处理的总体模拟流程图

　　上述研究工作，是基于实际工业废水组成进行的一个 BMED 污水处理方案设计，并对其进行了详细的工艺流程模拟。该方案中，废水通过 SORC 工艺作为冷凝介质换热进入 BMED 盐室进行间接处理，既减少了 SORC 工艺中冷凝介质的用量，又达到了废水资源化利用的目的。此过程中，太阳能的使用可以减少电力使用，降低煤发电带来的碳排放量。

8.5　双极膜电渗析法与多效蒸发技术的对比实验

　　本章研究的是 FCC 反应再生系统在烟气湿法脱硫中剩余的含硫酸钠废水，该废水因含盐量高而成为工业废水治理的难点。在前面几节中，提出了针对这一类废水的双极膜电渗析耦合太阳能有机朗肯循环（bipolar membrane electrodialysis coupled solar organic rankine cycle，BMED-SORC）法，实验和模拟结果均表明，治理后废水中硫酸钠的含量达到了国家要求的排放标准。本节将以传统的多效蒸发 MEE 技术作为参考，分析二者对上述废水处理的效果差异，通过对比分析说明 BMED-SORC 技术在处理高盐废水方面的优势。MEE 在高盐废水处理领域应用较早，处理工艺相对成熟，但长期以来一直存在高能耗问题。

8.5.1　多效蒸发技术

　　多效蒸发（MEE）是一种成熟的废水处理和海水淡化工艺技术，主要分为顺流法、逆流法、平流法、混合流法四种方法。相对而言，顺流法各级之间的压力和温度依次降低，无须其他的动力消耗，故可大大降低能源消耗。本节以顺流法作为对比研究对象，使用 Aspen

Plus 作为流程模拟工具，分为无循环和有循环两种方式，研究 MEE 的废水处理效果。

（1）无循环的三效蒸发技术

热交换器 E_i 和闪蒸罐 F_i 两个模块被用来联合近似蒸发器，以解决流程模拟软件中没有专门蒸发器模块的问题。室温下的废水进料被送入一效闪蒸 F_1，同时将 170 ℃的优质新鲜蒸汽 S 通过热交换器 E_1 进行换热，E_1 通过转换热量排出冷凝水。闪蒸罐 F_1 底部的浓缩液流进下一效蒸发，其顶部的蒸汽 S_1 则进入换热器 E_2 加热 F_2。下一效蒸发过程相同。

上述过程完成后，三效蒸发的最终温度为 80 ℃、70 ℃和 60 ℃，产物是固体硫酸钠和低盐溶液，废水处理效果得到了实现。图 8-12 给出了这一流程，其中的线 1、2 和 3 代表换热器提供给蒸发器的能流。

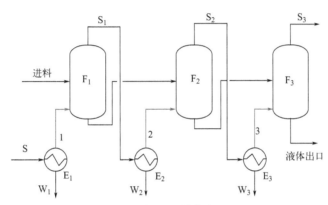

图 8-12　无循环三效蒸发流程图

表 8-9 给出了图 8-12 中液体出口物流的模拟结果。

表 8-9　无循环三效蒸发液体出口物流模拟结果

组分	质量分数/%
水	40.13
钠离子	5.02
硫酸根离子	10.49
硫酸钠固体	44.36

表 8-9 显示，经过无循环三效蒸发，水在浓缩溶液中的质量分数为 40.13%，硫酸钠固体的质量分数为 44.36%。这一处理效果并不理想，所以下面将通过物流循环来优化流程。

（2）有循环的三效蒸发技术

图 8-13 为带循环的三效蒸发流程，其中的线 1、2 和 3 为热交换器向闪蒸罐提供的能流。F_1 底部浓缩液在分流器中切分一部分重新循环进入 F_1 后才进入下一效蒸发，这是有循环技术区别于无循环技术之处。这种改进提升了蒸发过程中的热利用率，因为其使循环液温度高于进料温度。这种多次循环的模式，提升了废水处理效果，提高了设备利用率，降低了所需的设备成本。下一效蒸发过程相同。

上述过程完成后，三效蒸发的最终温度为 80 ℃、70 ℃和 60 ℃。此工艺中，浓缩液体被旋液分离器分离后获得硫酸钠固体和处理后的废水，热量被有效地回收利用。

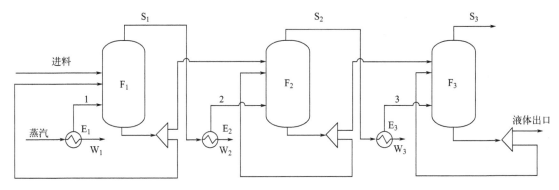

图 8-13　有循环的三效蒸发流程图

表 8-10 给出了图 8-13 中液体出口物流的模拟结果。

表 8-10　有循环的三效蒸发液体出口物流的模拟结果

组分	质量分数/%
水	0.3190
钠离子	0.0402
硫酸根离子	0.0838
硫酸钠固体	0.5570

可见，最终蒸发得到的浓缩液中，含有 31.90% 的水和 55.70% 的硫酸钠固体。循环 MEE 技术相对于非循环而言，处理后的浓缩液含水量降低了 20.50%，固体硫酸钠含量增加了 25.58%，出水质量有了很大的提升，因此有循环 MEE 技术明显优于无循环 MEE 技术。接下来，我们将对有循环的 MEE 技术和 BMED-SORC 技术进行分析比较。

8.5.2　处理效果对比

图 8-14 对比了 8.5.1 小节中有循环 MEE 的模拟结果、前面 BMED-SORC 工艺的高盐废水处理实验和模拟结果。

图 8-14 显示，对于相同污染物种类和含量的废水，BMED-SORC 技术的废水处理量要远大于 MEE 技术。不仅如此，相较于 MEE 技术，BMED-SORC 技术处理后废水中的硫酸根和钠离子浓度要低得多，还回收了如硫酸和氢氧化钠这样的有用副产品。BMED-SORC 技术中，酸室得到的硫酸质量分数为 7.66%，碱室得到的氢氧化钠质量分数为 6.43%，最终废水中仅含有 0.37%（质量分数）的硫酸钠。作为对比案例，MEE 技术处理后废水中含有质量分数分别为 31.90%、55.70%、4.02% 和 8.38% 的水、硫酸钠固体、钠离子和硫酸根离子。可见，BMED-SORC 技术比 MEE 技术更适合于高盐废水处理。此外，MEE 工艺的成本也要高于 BMED-SORC，因为其需要大量的蒸汽来完成蒸发任务，会消耗大量的能量。总之，工业高盐废水可以采用 BMED-SORC 技术进行经济高效的处理，还可以高效回收酸碱溶液，在污水处理领域的适用性优于 MEE 技术。

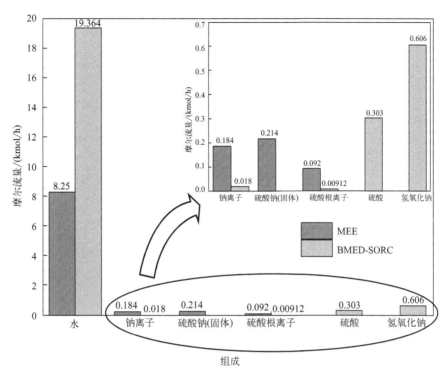

图 8-14　BMED-SORC 和 MEE 技术对高盐废水的处理效果对比

本章小结

本章以实验和模拟相结合的方式，采用 BMED 技术对含硫酸钠的高盐废水进行处理。采用四膜三室的 BMED 实验装置处理废水，并对实验数据进行了详细分析。之后通过流程模拟软件 Aspen Plus 中的用户自定义模块，指定全局物性方法为 ELECNRTL，并将双极膜电渗析模型所需的数据和方程输入 Excel 模板中，完成了基于 BMED 的高盐废水工艺的模拟。

作为优化手段，本章还利用太阳作为 ORC 蒸发器的热源，实现了太阳能的 ORC 发电，使 BMED 过程的高电能消耗问题得到了一定程度的解决。还模拟了传统的 MEE 技术，分析比较了 BMED-SORC 和 MEE 两者的处理效果。模拟结果表明，BMED-SORC 法获得了质量分数为 0.37% 的硫酸钠废水、质量分数为 6.43% 的氢氧化钠溶液以及质量分数为 7.66% 的硫酸溶液；而 MEE 处理后获得了硫酸钠固体、硫酸根离子、钠离子质量分数分别为 55.70%、8.38% 和 4.02% 的最终废水。因此，综合上述结果，优化后的 BMED 工艺对废水处理的效果更好[6]。

参考文献

[1]　Li Y，Shi S，Cao H，et al. Bipolar membrane electrodialysis for generation of hydrochloric acid and ammonia from simulated ammonium chloride wastewater [J]. Water research，2016，89：201-209.

［2］ Wang L，Bu X，Li H，et al. Working fluids selection for flashing organic rankine regeneration cycle driven by low-medium heat source ［J］. Environmental Progress & Sustainable Energy，2018，37（3）：1201-1209.

［3］ Groniewsky A，Imre A. Prediction of the ORC working fluid's temperature-entropy saturation boundary using Redlich-Kwonxueg equation of state ［J］. Entropy，2018，20（2）：1-8.

［4］ Györke G，Deiters U K，Groniewsky A，et al. Novel classification of pure working fluids for organic Rankine cycle ［J］. Energy，2018，145：288-300.

［5］ Quoilin S，Orosz M，Hemond H，et al. Performance and design optimization of a low-cost solar organic Rankine cycle for remote power generation ［J］. Solar Energy，2011，85（5）：955-966.

［6］ Tian W D，Wang X，Fan C Y，et al. Optimal treatment of hypersaline industrial wastewater via bipolar membrane electrodialysis ［J］. ACS Sustainable Chemistry & Engineering，2019，7：12358-12368.

第 9 章

醇胺吸收法脱碳

9.1 引言

二氧化碳捕集技术可分为化学吸收、物理吸附、膜分离及低温分离技术。化学吸收时，CO_2 与吸收剂逆流混合接触被吸收后再进入解吸流程，通过加热进而实现分离 CO_2 的目的。其中，醇胺如单乙醇胺（MEA）脱碳是目前最成熟的方法，但 MEA 脱碳的再生能耗高、易氧降解产生腐蚀污染等问题。基于有机醇胺的新型溶剂吸收 CO_2 是一种较有前途的吸收方法。

9.2 醇胺溶剂现状

醇胺如 MEA、二乙醇胺（DEA）、N-甲基二乙醇胺（MDEA）等净化气体出现于 20 世纪 30 年代，但吸收剂存在一些缺点，如伯胺和仲胺吸收速率快但吸收的容量低，叔胺吸收容量高但反应速率慢，解吸过程中溶剂易降解且产物导致腐蚀问题等[1,2]。因此，对于高效低耗的 CO_2 捕获技术而言，选择合适的吸收剂不仅可以降低捕获成本，还可以减少设备腐蚀。评估吸收效率需考虑的因素包括：① 从溶液中吸收 CO_2 的反应速率；②溶解度平衡或 CO_2 吸收能力；③溶剂系统的稳定性；④溶剂再生过程中所需要的能量；⑤环境影响等。目前醇胺溶剂根据氮原子上氢的取代数分为：①伯胺，氮上的一个氢原子被取代；②仲胺，两个氢原子被取代；③叔胺，三个氢原子全部被取代。图 9-1 为部分常用醇胺溶剂的结构式。不同类型醇胺溶剂的优缺点比较如表 9-1 所示。

与其他胺类溶剂相比，单乙醇胺（MEA）因吸收速度快、产品纯度高等优点被广泛用作捕获 CO_2 的吸收剂。但随着对 MEA 溶剂研究的不断深入，发现其再生能耗高、吸收容量低、易起泡和崩解等，因此，通过加入缓蚀剂和抗氧化剂加以改进。醇胺溶剂也在不断更新和完善。在 20 世纪 80 年代，为了降低能耗，提出用具有低能耗、高稳定性、高吸收容量等优点的 MDEA 作为 MEA 的替代溶剂。在 CO_2 分压较高时，质量分数为 30% 的 MDEA 对 CO_2 的最大吸收容量约为 1.0 mol（CO_2）/mol（胺）。但高浓度的溶液通常较为黏稠，吸收 CO_2 的速度相对较慢。因此，有学者建议在醇胺中混入 PZ 作为活化剂，进而提高溶液对 CO_2 的吸收效果。1983 年出现了空间位阻胺，Sartori 和 Savage[3] 发现 AMP 等胺在吸收 CO_2 时会形成不稳定的氨基甲酸酯，比伯胺和仲胺解吸所需能量更少，是降低能耗的良好替

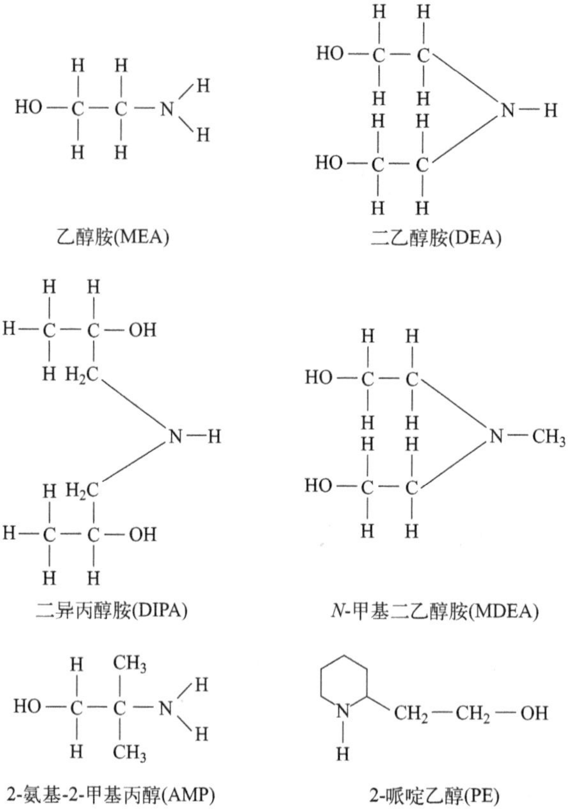

图 9-1 常用的烷醇胺的分子结构

表 9-1 不同类型醇胺的优缺点比较

醇胺类型	溶剂优点	溶剂缺点
伯胺	适合中低压条件;高效稳定、产物纯度高	吸收容量低,再生能耗高,设备容易腐蚀,溶剂易损失,运行成本较高,易发生降解
仲胺	适合低压条件;腐蚀速率慢、饱和蒸气压低、解吸能耗相对较低	反应速率较慢,与CO_2会发生许多不可逆的降解反应
叔胺	适合中高压条件;再生能耗低;溶剂较稳定;不易氧化降解	叔胺溶液与CO_2反应速率较慢,通常需要加入活化剂
空间位阻胺	活化剂利用率提高,CO_2吸收效率提高,较低的设备腐蚀速率	再生能耗比较大,蒸气压较高,使用时易发生挥发损失
烯胺	反应速率快,吸收容量高	黏度太大、吸收效率低、成本太高

代溶剂。随着研究的不断深入,发现有机醇胺分子结构中的氮原子的数量越多,相应的CO_2容量越大,与CO_2的反应速率也越快。

9.3 醇胺溶剂吸收 CO_2 动力学

在醇胺溶液捕获 CO_2 过程中包含多个可逆化学反应的质量转移。在常规操作下，吸收/解吸的反应速率与溶液中的扩散速率具有相同的数量级。因而，为便于模拟 CO_2 的脱除，探讨相应的机理反应和动力学是有必要的。已有关于醇胺吸收 CO_2 的动力学报道。通常选用的测量醇胺吸收 CO_2 速率的装置已知流体动力学和界面面积，借助动力学模型求算速率常数。

反应动力学是过程模拟和吸收塔设计的关键参数，同时也是反映醇胺与 CO_2 反应速率的最重要参数之一。目前报道的研究大多是在吸收过程中收集的，为工业设计和模拟提供了重要的参考数据。但值得注意的是，求算过程是高度简化的拟一级假设，不能涵盖醇胺捕获 CO_2 系统中发生的平行、可逆反应，也不能很好地解释实际传质现象，所得数据对工业设备设计和优化及放大的有效性有限。因此，开发能够将醇胺捕获 CO_2 系统中的所有相关反应概率纳入其中的综合模型，用于预测吸收率是一个重要的研究方向。

9.3.1 化学反应的质量传递

气液传质理论在探究可能影响 CO_2 捕集传质效率的因素方面提供了重要的理论支持。深入探究醇胺吸收 CO_2 的反应机理，明确对 CO_2 吸收效率的主要限制因素，可以为开发新型高效溶剂提供理论依据。此外，传质动力学模型也是基于气液传质和反应机理的理论。醇胺捕获 CO_2 是一个 CO_2 从气相到液相并转化为各种离子的复杂过渡过程。与该过程相关的理论主要有 Whitman 双膜、Higbie 渗透、Danckwerts 表面更新理论。双膜理论因可以更简化处理伴随复杂化学反应的传质过程，而得到广泛应用。

根据双膜理论[4]，气液两相流体分为两个不同的区域：界面附近厚度为 σ 的滞后膜和界面外的混合良好的体积，其中没有浓度梯度发生。没有浓度梯度的地方，传质受气层和液层阻力的限制，而阻力又取决于两相的扩散系数和层厚。假设在气相和液相之间存在气液相间（热力学）平衡。

新鲜液体吸收纯气体时由双膜理论可简化为：

$$J_{CO_2} = m_{CO_2} k_L E_{CO_2} \frac{p_{CO_2}}{RT} \tag{9-1}$$

当反应发生在拟一阶状态和 $2 < Ha < E_{inf}$ 时，增强因子 E_{CO_2} 等于 Hatta 数（Ha）：

$$E_{CO_2} = Ha = \frac{\sqrt{k_1 D_{CO_2}}}{k_L} \tag{9-2}$$

醇胺捕获 CO_2 的吸收速率可以表示为：

$$N_A = -N_D = \frac{p_{CO_2}^b - p_{CO_2}^o}{1/k_g a + H_{CO_2}/E k_L^o a} \tag{9-3}$$

式中，$p_{CO_2}^b - p_{CO_2}^o$ 表示质量传递驱动力；$p_{CO_2}^b$ 表示气体中 CO_2 的分压；$p_{CO_2}^o$ 表示对应于在液相中相应浓度的 CO_2 平衡分压。

在吸收过程中 $p_{CO_2}^b > p_{CO_2}^o$，而解吸过程则相反。在一定温度和压力条件下，CO_2 在溶液中的溶解度是决定 $p_{CO_2}^o$ 值的主要因素，可以通过求解热力学平衡模型来计算相应的溶解度。在高 CO_2 分压和低温的条件下，因进入液相中的 CO_2 大都与醇胺和水结合，因而平衡有利于吸收，且 $p_{CO_2}^o$ 的值远低于 $p_{CO_2}^b$。而在低 CO_2 分压和高温条件下，情况正好相反，平衡有利于解吸，且 $p_{CO_2}^o$ 的值远高于 $p_{CO_2}^b$。

因此，化学平衡在确定醇胺-CO_2-H_2O 体系的传质驱动力方面极其重要。Kent 等[5]、Deshmukh 等[6] 和 Austgen[7] 提出的模型被普遍接受并用于求算 $p_{CO_2}^o$。三个模型的主要差别在于对液相非理想的描述：Kent 等的模型是最简单的，不考虑液相非理想性；Deshmukh 等以及 Austgen 的模型适当地考虑了热力学非理想性，虽结果更准确，但在求算时复杂耗时。这三个模型已被广泛使用，并且由 Weiland 等[8] 和 Austgen 等[9] 进行了相应的综述。

式(9-3)中的分母表示质量传递阻力包括：气相阻力（$1/k_g a$）和液相阻力（$H_{CO_2}/Ek_L^o a$）。对于含有高反应性胺（例如 MEA 和哌嗪）的系统或当气相中的 CO_2 分压低时，气体侧阻力传质通常是很重要的。值得注意的是，可以很容易地估计气体侧传质阻力，因为在评估气膜系数时主要的未知参数是气体扩散率，这在 Reid 等[10] 的著作中可以获得。

在脱除 CO_2 时液体侧阻力对质量传递来说很重要。求算该阻力需明确化学反应对传质的影响。效果通常用增强因子（E）表示，增强因子定义为具有化学反应的吸收或解吸速率与没有化学反应的速率的比。在大多数情况下，增强因子为无量纲的复函数。

$$M = \frac{\sqrt{k_2 c_{AM} D_{CO_2}}}{k_L^o} \tag{9-4}$$

Danckwerts[11] 假设气-液界面处的醇胺浓度与本体溶液的醇胺浓度无差别，给出增强因子的以下表达式：

$$E = \sqrt{1 + M^2} \tag{9-5}$$

将式(9-4) 和式(9-5) 代入式(9-3)：

$$N_A = -N_D = \sqrt{1 + \left(\frac{\sqrt{k_2 c_{AM} D_{CO_2}}}{k_L^o}\right)} \frac{k_L^o a (p_{CO_2}^b - p_{CO_2}^o)}{H_{CO_2}} \tag{9-6}$$

式(9-6) 中动力学常数 k_2 在确定吸收/解吸速率时是重要的。可以相对于 Hatta 数检查 k_2 对质量传递速率的影响。当 $M \approx 1$ 时，反应速率慢，并且不影响传质速率，被称为"慢反应方式"。当 $M \gg 1$ 时，增强因子约为 M，质量传递速率独立于液膜系数，即：

$$N_A = -N_D = \frac{\sqrt{k_2 c_{AM} D_{CO_2}} a}{H_{CO_2}} (p_{CO_2}^b - p_{CO_2}^o) \tag{9-7}$$

这个区域内的反应被称为"快反应区"或"拟一级反应区"。在该反应区内，反应足够快可以增强质量传递，但并不足以引起边界层中的胺浓度显著减小。因此，在该区域内的反应，可认为 c_{AM} 在整个边界层中是恒定的，等于本体液体浓度，并且可以定义表观或拟一级速率常数 $k_{app} = k_2 c_{AM}$。

通常使用拟一级反应近似从吸收率数据估算表观反应速率常数。实验条件使得 $3 < Ha < E_\infty$，其中 E_∞ 是增强因子的最大可能值。对于 CO_2-胺反应，Danckwerts 已经推导出 E_∞ 的表达式：

$$E_\infty = \sqrt{\frac{D_{CO_2}}{c_{AM}} + \frac{1}{u_{AM}} \times \frac{c_{AM}}{c_{CO_2}^i}} \sqrt{\frac{D_{AM}}{D_{CO_2}}} \tag{9-8}$$

式中，u_{AM} 是胺化学计量系数。

$Ha \rightarrow \infty$，这意味着反应快至化学平衡遍布各处。传输速率变得与反应速率无关，并且受到液体反应物向界面扩散的限制，被称为"瞬时反应区"。该体系中的增强因子代表质量转移的潜在增强的上限。

从"快速"到"瞬时状态"的转变主要在界面附近发生，并且边界层内的胺可能显著耗尽。因此，由式(9-7)给出的拟一阶近似不再有效，并且必须使用该点处的实际胺浓度计算边界层中任何点处的反应速率。这需要解决整个液体膜中每个物质的质量平衡。增强因子[如式(9-3)]的分析解不可能得到，并且方程必须用数字求解。

综上所述，研究醇胺溶液的 CO_2 吸收过程的动力学极其重要，彻底了解反应机理和确定可靠的动力学数据对于这种系统的有效设计和模拟至关重要。

9.3.2 伯胺吸收 CO_2 反应动力学

伯胺吸收 CO_2 的反应机理主要包括两性离子机理和三分子机理，分别由 Caplow[12] 提出并由 Danckwerts[11] 以及 Crooks 等[13] 进一步介绍。

在水溶液中，CO_2 先是溶解：

$$CO_2(g) \rightleftharpoons CO_2(aq) \tag{9-9}$$

然后与 H_2O 和 OH^- 反应：

$$CO_2 + H_2O \rightleftharpoons H_2CO_3 \tag{9-10}$$

$$CO_2 + OH^- \rightleftharpoons HCO_3^- \tag{9-11}$$

此外还有碳酸根离子与碳酸氢根离子的快速平衡：

$$HCO_3^- + OH^- \rightleftharpoons CO_3^{2-} + H_2O \tag{9-12}$$

在解释吸收率数据时反应(9-10)非常慢，约为 $0.026s^{-1}$，同时进行吸收实验时接触时间很短，小于 1s，对传质的贡献通常忽略不计。但即使在 OH^- 浓度较低时也非常迅速[反应(9-11)]且增强传质。

醇胺吸收 CO_2 的反应由两性离子机理可知是分两步进行，醇胺与 CO_2 反应形成两性离子中间体，随后在任意碱的作用下发生去质子化反应。已通过两性离子机理对已公开的 MEA 及 AMP 等醇胺吸收 CO_2 的动力学数据进行了解释。对于 CO_2-醇胺-H_2O 体系，两性离子机理描述：

形成两性离子：

$$CO_2 + RNH_2 \underset{k_{-1}}{\overset{k_1, K_1}{\rightleftharpoons}} RNH_2^+COO^- \tag{9-13}$$

去质子化：

$$RNH_2^+COO^- + RNH_2 \underset{k_{-2}}{\overset{k_2, K_2}{\rightleftharpoons}} RNHCOO^- + RNH_3^+ \tag{9-14}$$

$$RNH_2^+COO^- + H_2O \underset{k_{-3}}{\overset{k_3, K_3}{\rightleftharpoons}} RNHCOO^- + H_3O^+ \tag{9-15}$$

$$RNH_2^+COO^- + OH^- \underset{k_{-4}}{\overset{k_4, K_4}{\rightleftharpoons}} RNHCOO^- + H_2O \tag{9-16}$$

Danckwerts 将式(9-13)与式(9-16)组合，得到了 CO_2 吸收速率表达式：

$$r_{CO_2} = \frac{-k_1[RNH_2]([CO_2] - [CO_2]_e)}{1 + \dfrac{k_{-1}}{k_2[RNH_2] + k_3[H_2O] + k_4[OH^-]}} \quad (9-17)$$

式中，$[CO_2]_e$ 是与溶液中的其他离子和非离子物质平衡的 CO_2 分子的浓度。

式(9-17) 表明两种极限情况：

当 $k_{-1}/(k_2[RNH_2] + k_3[H_2O] + [OH^-]) \ll 1$（两性离子去质子化比其形成快得多），那么 CO_2 与胺的反应速率可以用简单的二阶动力学表示：

$$r_{CO_2} = -k_1[RNH_2]([CO_2] - [CO_2]_e) \quad (9-18)$$

当 $k_2[RNH_2] \gg k_3[H_2O]$ 和 $k_4[OH^-]$，且 $k_{-1}/k_2[RNH_2] \gg 1$（两性离子仅与胺脱质子化有关，并且两性离子去质子化比其形成慢得多），则动力学常数用三阶表示：

$$r_{CO_2} = \frac{-k_1 k_2}{k_{-1}}[RNH_2]^2([CO_2] - [CO_2]_e) \quad (9-19)$$

两性离子机理能够覆盖相对于胺的反应级数在 1 和 2 之间的过渡区。

需要注意的，式(9-17) 既适用于吸收，也可以应用于解吸。然而，由于文献中报道的大多数研究集中于吸收到不含 CO_2 的胺溶液中，因此 $[CO_2]_e$ 通常取为零。此外，在大多数情况下，假定在吸收实验中，胺浓度没有明显变化，并且正向反应占优势，式(9-18) 可以进一步简化，并且以拟一级速率表示结果：

$$r_{CO_2} = -k_{app}[CO_2] \quad (9-20)$$

式中，$k_{app} = -k_2[RNH_2]$。

在使用式(9-15) 表示的完全两性离子机理速率表达并报告组合速率常数的研究中，用于估计速率常数的方法基本上与拟一级方法相同。

$[CO_2]_e$ 设置为零，式(9-17) 可以简化为：

$$r_{CO_2} = -k_{app}[RNH_2][CO_2] \quad (9-21)$$

式中

$$k_{app} = \frac{1}{k_1} + \frac{1}{\dfrac{k_1 k_2}{k_{-1}}[RNH_2] + \dfrac{k_1 k_3}{k_{-1}}[H_2O] + \dfrac{k_1 k_4}{k_{-1}}[OH^-]} \quad (9-22)$$

在这种方法中，通过对各种胺浓度使用式(9-21) 求算 k_{app}，并且从式(9-22)，通过非线性回归。胺和水的浓度通常取作它们的初始值，而羟基离子的浓度由水和胺的解离常数计算。在任何给定的实验中，假定这些浓度是恒定的。在下一节中，大多数关于 CO_2 与 MEA、DEA 和 AMP 的动力学的研究已经使用这种方法。对于水溶液，OH^- 在两性离子去质子化中的贡献通常被忽略。这是合理的，因为胺水溶液中的羟基离子的浓度比水或胺的浓度低 2~3 个数量级。此外，由于 CO_2 的吸收，其浓度显著下降。

9.3.3　仲胺吸收 CO_2 反应动力学

Crooks 等首先提出并由 da Silva 等重新介绍了三分子机理。在三分子机理假定中，CO_2 与胺的反应是瞬时开始经由单个步骤，而不是如式(9-13) 至式(9-16) 中所列出的两个步骤，生成的并非两性离子而是由疏松键连接的络合物。其反应过程可由式(9-23) 表示：

$$CO_2 + AmH \cdots B \Longleftrightarrow AmCOO^- \cdots BH^+ \quad (9-23)$$

CO_2 与胺溶液接触时生成的这种具特殊化学键的络合物不稳定易断裂形成两个分子，即将参与下一步反应的 CO_2 和胺物质，而少量这些物质与第二分子胺或水分子反应以产生氨基甲酸酯、质子化胺、碳酸酯和碳酸氢盐的离子产物。根据三分子机理，CO_2 吸收速率可以表示为：

$$r_{CO_2} = k_0 [CO_2] = (k_{AmH} [AmH] + k_{OH^-} [OH^-] + k_{H_2O} [H_2O]) [CO_2] [AmH] \qquad (9-24)$$

水溶液中中间体的 H^+ 的释放主要由 H_2O 和胺测定。当水的作用类似于胺的作用时，式(9-24) 可以简化为式(9-25)：

$$r_{CO_2} = k_0 [CO_2] = (k_{AmH} [AmH] + k_{H_2O} [H_2O]) [CO_2] [AmH] \qquad (9-25)$$

$$k_0 = (k_{AmH} [AmH] + k_{H_2O} [H_2O]) [AmH] \qquad (9-26)$$

式中的动力学参数 k_{AmH} 和 k_{H_2O} 可以通过 Matlab 软件获得。

DEA 是常用的 CO_2 捕获溶剂，相对于 CO_2 的反应级数通常认为是 1，但相对于胺的反应级数在 1 和 2 之间变化。Blauwhoff 等[15] 通过包括所有碱基（即胺、H_2O 和 OH^-）的两性离子机理解释了报道结果中的一些差异。而 Rinker 等[16] 使用严格的数据方法解释，结果发现在总的反应速率常数中 [CO_2] 与 [OH^-] 和 [H_2O] 的贡献可以忽略不计。

Crooks 等提出了一个单步分子反应机制，以解释 CO_2 与 DEA 之间的反应过程。在这种机理中，假设 DEA 与一分子的 CO_2 和一分子的基团同时反应，总反应速率具有与上述两性离子机理的第二限制情况相同的形式。然而，该机理并没有解释在非水溶剂中观察到的 DEA 浓度的分数阶反应动力学的原因。文献中没有合理解释诸如碱质子提取的质子转移步骤是速率限制步骤的原因。

由于两性离子机理充分涵盖不同的反应级数，所以在文献中相当普遍地使用该机理来解释 CO_2 吸收数据。确认这种机理适用性的另一种方法是在解吸条件下进行实验，并查看在吸收条件下获得的动力学数据和使用两性离子机理的动力学数据是否可用于预测解吸速率。

9.3.4 叔胺吸收 CO_2 反应动力学

Donaldson 等提出了叔胺如三乙醇胺（TEA）和 MDEA 吸收 CO_2 的碱催化水合反应机理：

$$CO_2 + R_3N + H_2O \underset{k_{-21}}{\overset{k_{21}, K_{21}}{\rightleftharpoons}} R_3NH^+ + HCO_3^- \qquad (9-27)$$

在该机理中水的存在是反应发生的前提。基于这种机理分析了大多数关于 CO_2-MDEA 系统的数据。在公开的研究工作中对于叔胺和 CO_2 的反应通常认为是一级反应，表达式可写为：

$$r_{CO_2} = -k_{21} [R_3N] [CO_2] + \frac{k_{21}}{K_{21}} [R_3NH^+] [HCO_3^-] \qquad (9-28)$$

几乎所有关于 CO_2-MDEA 系统的动力学的研究都假设主反应是正向反应，并且胺浓度在实验期间没有明显改变。因此，式(9-28) 可以简化为：

$$r_{CO_2} = -k_{21} [R_3N] [CO_2] = -k_{app} [CO_2] \qquad (9-29)$$

式(9-29) 与式(9-20) 相同，并且表示类似于 MEA、DEA 和 AMP 的拟一级速率表达式。因此，上述方法也可用于估计 CO_2-MDEA 系统的速率常数。由于与 MDEA 的 CO_2 反应相比，CO_2 与 MEA、DEA 和 AMP 的反应慢得多，因此拟一阶近似假设是合理的。

为了分析解吸数据，必须使用由式(9-22) 给出的速率表达式。此外，CO_2-MDEA 反应是缓慢的，因此，为了解释吸收/解吸速率数据，也必须考虑反应式(9-7)。Rinker 等已经表明反应式(9-9) 对 CO_2-MDEA 系统的传质增强的影响是相当显著的。

文献已经报道了许多关于 CO_2-MDEA 反应动力学的研究。这些研究证实了 Donaldson 等提出的 CO_2-叔胺反应的碱催化水合反应机理。CO_2 与叔胺的反应一直被认为是一级反应。关于活化能和二阶速率常数的报道值存在一些差异。298 K 的二阶速率常数有所不同。在大多数情况下，使用拟一级模型来解释吸收速率数据。最近，Rinker 等使用严格的模型来估计动力学系数，并指出在该系统中，必须考虑 CO_2 与羟基离子的反应。

Critchfield 等[17]、Bosch 等[18] 已经研究了来自富 MDEA 溶液的 CO_2 解吸。在这些研究中，实验解吸速率与通过具有快速拟一级反应的质量传递的简单模型预测的解吸速率非常一致。这些结果很重要，因为它们表明通过快速反应的质量传递控制来自 MDEA 溶液的 CO_2 解吸，并且可以基于吸收动力学数据预测解吸速率。

9.4 四种醇胺溶剂吸收 CO_2 反应动力学及机理的研究

醇胺吸收 CO_2 的研究主要包括 CO_2 吸收、吸附动力学、反应热、传质效率、溶剂降解与腐蚀等方面。其中，动力学性能反映了醇胺与 CO_2 的反应速率，是工业模拟、设计的重要参数。本节基于文献中介绍的实验方法以及目前关于烷醇胺溶剂吸收 CO_2 的实验工作，提出了四种新的链烷醇胺溶剂，并讨论了它们吸收 CO_2 的动力学。这些胺的分子结构是规则的，唯一的区别是直接与氮原子相连的碳原子上的甲基取代数不同。基于此，本节对四种醇胺溶剂吸收 CO_2 的动力学进行研究[19]，并展示动力学方程和分子模型对动力学效率的影响。

在推导 CO_2 与醇胺溶液的反应动力学路径时，存在下列可能的化学反应：

$$R_2NH + H^+ \xrightleftharpoons{K_{a,\text{胺}}, k_2} R_2NH_2^+ \tag{9-30}$$

$$CO_2 + R_2NH + B \xrightleftharpoons{K_2, k_2} R_2NCOO^- + BH^+ \tag{9-31}$$

$$CO_2 + H_2O \xrightleftharpoons{K_3, k_{H_2O}} H^+ + HCO_3^- \tag{9-32}$$

$$CO_2 + OH^- \xrightleftharpoons{K_4, k_{OH^-}} HCO_3^- \tag{9-33}$$

$$HCO_3^- \xrightleftharpoons{K_5} CO_3^{2-} + H^+ \tag{9-34}$$

$$H_2O \xrightleftharpoons{K_6} OH^- + H^+ \tag{9-35}$$

R_2NH 表示四种胺 [2-(甲氨基)乙醇(MAE)、2-(乙基氨基)乙醇(EAE)、2-(异丙基氨基)乙醇(IPAE)、2-(叔丁基氨基)乙醇(TBAE)]。K_i 表示上述化学反应的平衡常数，k_2 是醇胺与 CO_2 反应的二级反应速率常数。k_{H_2O} 是式(9-32) 中 H_2O 和 CO_2 的反应速率常数。k_{OH^-} 表示式(9-33) 中的 OH^- 与 CO_2 的反应速率常数。

基于醇胺与 CO_2 之间存在的化学反应考虑碱催化机理和三分子机理，用于解释 CO_2 吸收动力学的实验数据，以验证可能的涉及二氧化碳与胺溶液反应的反应途径。

研究中首先对照 Ali 等[20] 测试 DEA 溶液吸收 CO_2 的反应动力学常数，获得的结果如图 9-2 所示。实验结果与 Ali 等的结果吻合良好，绝对平均偏差（AAD）为 5%。从而证明研究中使用的测定装置有效可靠。

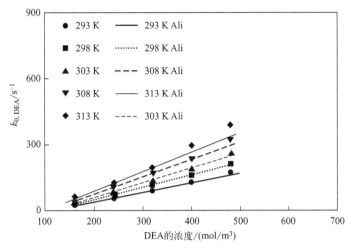

图 9-2 DEA 吸收 CO_2 的反应动力学常数在不同条件下随醇胺溶液浓度的变化情况

9.4.1 MAE-CO_2-H_2O 体系

在 293～313 K 温度下，测定不同浓度 MAE 吸收 CO_2 的动力学常数，如表 9-2 所示。所得数据通过碱催化的水合机理进行解释，代入方程 $k_{0,MAE} = k_{2,MAE} [MAE]^n$ 得到如图 9-3 所示结果。从结果中可以获知，MAE 吸收 CO_2 反应的表观一级速率常数（$k_{0,MAE}$）随着胺浓度和溶液温度的升高而增加。

表 9-2 不同温度下拟一级反应速率常数随胺溶液浓度的变化

项目		醇胺拟一级反应速率常数/s^{-1}				
		293 K	298 K	303 K	308 K	313 K
MAE 浓度 /(mol/m^3)	8	10.04	12.65	15.49	19.74	23.49
	10	14.8	20.25	21.75	26.58	30.06
	12.5	20.1	26.04	30.85	36.7	42.69
	16.5	28.44	38.41	45.18	55.74	65.56
	25	63.12	76.19	94.09	109.88	125.18
反应级数		1.67	1.54	1.63	1.56	1.53
R^2		0.9942	0.9976	0.9981	0.9992	0.9994
EAE 浓度 /(mol/m^3)	10	5.95	8.1	10.42	13.35	16.89
	15	9.54	12.44	16.79	19.73	26.04
	20	18.47	23.7	30.65	37.12	48.44
	25	32.55	44.56	56.93	66.87	75.41
	30	48.89	64.08	81.76	97.34	107.17
反应级数		2.28	2.26	2.2	2.21	1.92
R^2		0.996	0.9925	0.9933	0.993	0.9962

项目		醇胺拟一级反应速率常数/s^{-1}				
		293 K	298 K	303 K	308 K	313 K
IPAE 浓度 /(mol/m^3)	10	2.31	3.46	5.07	7.09	10.01
	20	4.13	7.77	10.8	13.61	17.89
	30	6.61	10.38	15.08	21.3	27.6
	40	11.52	15.38	21.61	28.76	38.85
	50	15.69	22.14	31.43	40.12	50.94
反应级数		1.46	1.24	1.23	1.16	1.11
R^2		0.9886	0.9839	0.985	0.9936	0.9962
TBAE 浓度 /(mol/m^3)	30	3.41	5.14	7.61	11.09	15.41
	40	4.68	7.07	10.35	14.81	21.54
	60	6.43	9.68	14.28	20.75	30.46
	80	8.18	11.94	18.07	26.79	39.42
	100	9.81	14.63	22.46	33.54	48.79
反应级数		0.84	0.82	0.87	0.91	0.92
R^2		0.9983	0.9971	0.9982	0.9989	0.9988

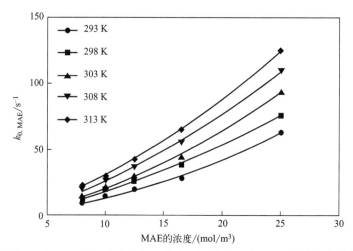

图 9-3　MAE 吸收 CO_2 的反应动力学常数在不同温度下随 MAE 溶液浓度的变化情况

为了求算 MAE 吸收 CO_2 的二阶反应速率常数，将表 9-2 中给出的 k_0 值代入方程 $k_{0,MAE} = k_{2,MAE} [MAE]^n$ 求得二阶反应速率常数 $k_{2,MAE}$。$\ln (k_{2,MAE})$-$1/T$ 关系如图 9-4 所示，为单调的线性函数，因此 MAE 吸收 CO_2 的二阶反应速率常数与胺溶液的浓度无关，是单独的温度的函数，进而获得相应的 Arrhenius 表达式：

$$k_2 = A\exp (-E_a/RT) \tag{9-36}$$

$$k_{2,MAE} = 2.31 \times 10^8 \exp (-3453/T) \tag{9-37}$$

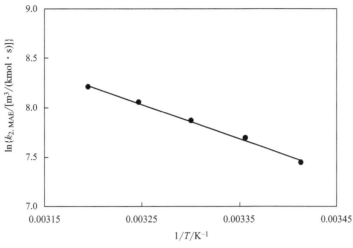

图 9-4　$\ln k_{2,\text{MAE}}$-$1/T$ 的关系图

式中，A 为阿伦尼乌斯常数或正指数因子，$\text{m}^3/(\text{mol}\cdot\text{s})$；$E_a$ 为活化能，kJ/mol；R 是摩尔气体常数，$0.008315\ \text{kJ}/(\text{mol}\cdot\text{K})$。

进一步将式(9-37) 代入式(9-36)，可以获得不同温度条件下不同胺浓度对应的反应速率常数。

式(9-38) 表示平均偏差，用于对拟一级反应假设下反应速率常数的预测值与实验值之间的差异进行比较。图 9-5 是实验值和预测值结果的对比，绝对平均偏差（AAD）为 18.38%，效果较差。

$$\text{AAD}=\frac{1}{n}\sum_{n}\text{abs}\left(\frac{k_{0,\text{MAE},\text{实验}}-k_{0,\text{MAE},\text{预测}}}{k_{0,\text{MAE},\text{实验}}}\right)\times100\%\qquad(9\text{-}38)$$

式中，n 表示采集数据的总量。

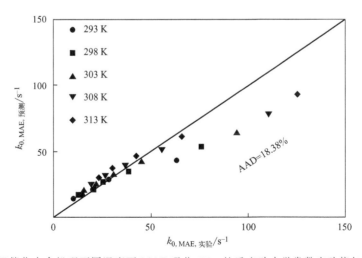

图 9-5　基于催化水合机理不同温度下 MAE 吸收 CO_2 的反应动力学常数实验值与预测值比较

为建立更加准确的 MAE 吸收 CO_2 的反应动力学速率常数模型，引入了三分子机理进一步分析收集的数据，并用公式 $r_{CO_2} = k_0 [CO_2] = (k_{AmH}[AmH] + k_{H_2O}[H_2O])[CO_2]$ $[AmH]$ 拟合，方程式中水的浓度利用式(9-39) 获取。

$$[H_2O] = (\rho_{H_2O} - M_{MAE}[MAE]) / M_{H_2O} \tag{9-39}$$

式中，M_{MAE} 表示胺的分子量；M_{H_2O} 表示水的分子量；ρ_{H_2O} 表示水的浓度。

三分子机理的参数结果如表 9-3 所示。水的计算值比 MAE 高一千倍。因此，可以假设水的浓度是恒定的。所有收集的伪一级反应动力学数据通过非线性回归得到实验温度下的自适应参数，动力学参数的温度依赖性由下式表示：

$$k_{MAE} = 1.08 \times 10^9 \times e^{\frac{-2827}{T}}$$

$$k_{MAE\text{-}H_2O} = 2.43 \times 10^7 \times e^{\frac{-4217.3}{T}} \tag{9-40}$$

表 9-3 基于三分子机理假设的动力学参数值随温度的变化

T/K	$k_{MAE}/[10^{-4}\text{m}^6/(\text{kmol} \cdot \text{s})]$	$k_{MAE\text{-}H_2O}/[10^{-1}\text{m}^6/(\text{kmol} \cdot \text{s})]$
293	7.08	1.26
298	7.87	1.95
303	9.82	2.13
308	11.42	2.76
313	12.69	3.34

利用式(9-40) 计算出胺溶液在不同温度下的反应速率常数 $k_{0,MAE,预测}$，然后将三分子机理的预测结果与实验值进行比较，如图 9-6 所示。从图中可以看出，该机理的 AAD 值仅为 2.81%，可以较好地预测 CO_2 与 MAE 溶液的反应。

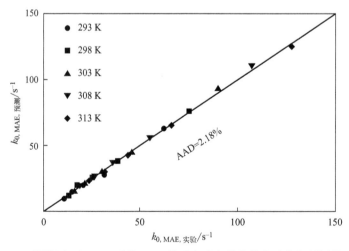

图 9-6 不同温度下 MAE 吸收 CO_2 的反应动力学常数实验值与预测值比较

9.4.2 EAE-CO₂-H₂O 体系

在 $293 \sim 313$ K 下通过 Stopped-Flow 测量的 EAE 吸收 CO_2 的反应动力学常数如表 9-2 所示。将采集的实验数据同样通过碱催化水合机理的经验幂律方程 $k_{0,EAE} = k_{2,EAE} [EAE]^n$ 拟合，如图 9-7 所示。结果显示 EAE 吸收 CO_2 的拟一级反应速率常数 $k_{0,EAE}$ 值随醇胺浓度和溶液温度的升高而增大，并且 EAE 与 CO_2 的反应动力学常数小于 MAE 与 CO_2 之间的反应动力学常数。

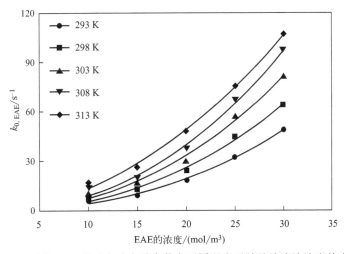

图 9-7　EAE 吸收 CO_2 的反应动力学常数在不同温度下随醇胺溶液浓度的变化情况

为得到二阶反应速率常数，将表 9-2 中给出的 k_0 值代入方程 $k_{0,EAE} = k_{2,EAE} [EAE]^n$，并通过 $\ln(k_{2,EAE})$ 对 $1/T$ 作图显示 EAE 吸收 CO_2 的二阶反应速率常数与胺溶液的浓度无关，是单独的温度线性函数，如图 9-8 所示，得到二阶反应速率常数的 Arrhenius 表达式：

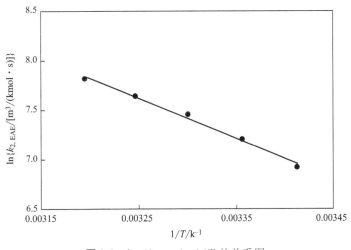

图 9-8　$\ln(k_{2,EAE})$ -$1/T$ 的关系图

$$k_{2,\text{EAE}} = 1.21 \times 10^9 \times e^{\frac{-4088}{T}} \tag{9-41}$$

将式（9-41）代入 $k_{0,\text{EAE}} = k_{2,\text{EAE}}[\text{EAE}]^n$ 分别计算不同温度条件下对应的反应速率常数 $k_{0,\text{EAE}}$ 值。通过平均偏差公式，对拟一级假设下反应速率常数的预测值与实验值之间的差异进行比较。图 9-9 是实验值和预测值结果对比，绝对平均偏差（AAD）为 37.01%，效果较差。

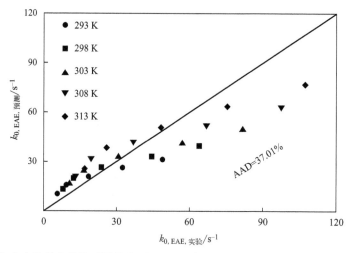

图 9-9 基于催化水合机理获得的不同温度下 EAE 吸收 CO_2 的反应动力学常数实验值与预测值比较

同样三分子机理也适用于 EAE 吸收 CO_2 的反应速率常数 $k_{0,\text{EAE}}$，采集的数据用 $r_{CO_2} = k_0[CO_2] = (k_{\text{AmH}}[\text{AmH}] + k_{H_2O}[H_2O])[CO_2][\text{AmH}]$ 拟合，最后，使用与碱催化方法相同的方法测定 $k_{0,\text{EAE},\text{实验}}$。

表 9-4 给出了与三分子机理相关的参数结果，在实验的温度下，使用非线性回归来获得拟合参数，动力学参数对温度的依赖性由下式给出：

$$k_{\text{EAE}} = 1.91 \times 10^{10} \times e^{\frac{-3729}{T}}$$

$$k_{\text{EAE-H}_2\text{O}} = 3.18 \times 10^5 \times e^{\frac{-3618.2}{T}} \tag{9-42}$$

表 9-4 基于三分子机理假设的动力学参数值随温度的变化

T/K	$k_{\text{EAE}}/[10^{-4}\text{m}^6/(\text{kmol}\cdot\text{s})]$	$k_{\text{EAE-H}_2\text{O}}/[10^{-1}\text{m}^6/(\text{kmol}\cdot\text{s})]$
293	5.47	1.39
298	7.21	1.69
303	9.05	2.08
308	10.36	2.52
313	12.59	3.05

利用式（9-42）在不同温度、浓度条件下分别计算反应速率常数 $k_{0,\text{EAE},\text{预测}}$，预测结果与实验值比较如图 9-10 所示。从图中可以看出该机理的 AAD 值只有 14.96%，能够更好地给

出 CO_2 与 EAE 溶液反应的预测结果。

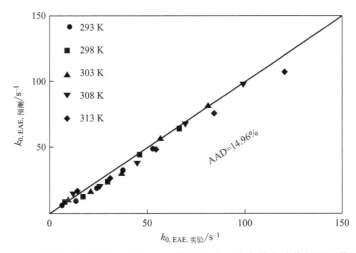

图 9-10 不同温度下 EAE 吸收 CO_2 的反应动力学常数实验值与预测值比较

9.4.3 IPAE-CO_2-H_2O 体系

在 293～313 K 下通过 Stopped-Flow 测量 IPAE 吸收 CO_2 的反应动力学常数，结果如表 9-2 所示。将采集的实验数据同样通过碱催化水合机理的经验幂律方程 $k_{0,IPAE} = k_{2,IPAE}$ [IPAE]^n 拟合，如图 9-11 所示。结果显示 IPAE 吸收 CO_2 的拟一级反应速率常数（k_0）值随醇胺浓度和溶液温度的升高而增大。

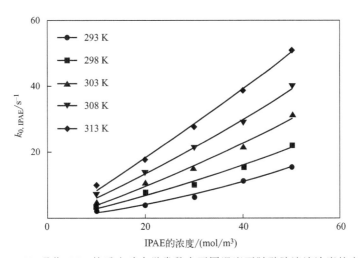

图 9-11 IPAE 吸收 CO_2 的反应动力学常数在不同温度下随醇胺溶液浓度的变化情况

为得到 IPAE 与 CO_2 反应的二阶速率常数，将表 9-2 中给出的 k_0 值代入方程 $k_{0,IPAE} = k_{2,IPAE}$ [IPAE]^n，并通过 $\ln(k_{2,IPAE})$ 对 $1/T$ 作图，可知 IPAE 吸收 CO_2 的二阶反应速率常数与胺溶液的浓度无关，是单独的温度线性函数，如图 9-12 所示，得到二阶反应速率常数的 Arrhenius 表达式：

$$k_{2,IPAE} = 3.26 \times 10^{11} \times e^{\frac{-6137}{T}} \tag{9-43}$$

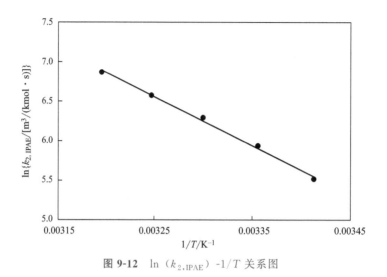

图 9-12　$\ln(k_{2,IPAE})$-$1/T$ 关系图

将式 (9-43) 代入 $k_{0,IPAE} = k_{2,IPAE}[IPAE]^n$ 分别计算不同温度条件下对应的反应速率常数 $k_{0,IPAE}$ 值。通过平均偏差公式，将拟一级假设下反应速率常数的预测值与实验值之间的差异进行比较。图 9-13 是实验值和预测值结果对比，绝对平均偏差（AAD）为 7.97%，预测效果较好。

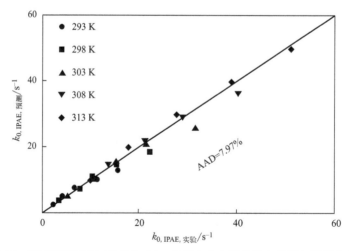

图 9-13　不同温度下 IPAE 吸收 CO_2 的反应动力学常数实验值与预测值比较

9.4.4　TBAE-CO_2-H_2O 体系

在 293~313 K 下通过 Stopped-Flow 测量的 TBAE 吸收 CO_2 的反应动力学常数如表 9-2 所示。将采集的实验数据同样通过碱催化水合机理的经验幂律方程 $k_{0,TBAE} = k_{2,TBAE}$

［TBAE］^{n} 拟合，如图 9-14 所示。结果显示 TBAE 吸收 CO_2 的拟一级反应速率常数（$k_{0,\text{TBAE}}$）随醇胺浓度和溶液温度的升高而增大。

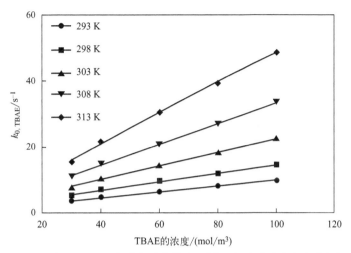

图 **9-14** TBAE 吸收 CO_2 的反应动力学常数在不同温度下随醇胺溶液浓度的变化情况

为得到 TBAE 与 CO_2 反应的二阶反应速率常数，将表 9-2 中给出的 k_0 值代入方程 $k_{0,\text{TBAE}}=k_{2,\text{TBAE}}$［TBAE］^{n}，并通过 $\ln(k_{2,\text{TBAE}})$ 对 $1/T$ 作图，结果显示 TBAE 吸收 CO_2 的二阶反应速率常数与胺溶液的浓度无关，是单独的温度线性函数，如图 9-15 所示，得到二阶反应速率常数的 Arrhenius 表达式：

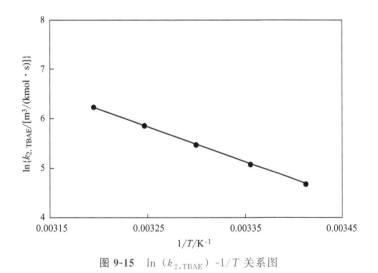

图 **9-15** $\ln(k_{2,\text{TBAE}})$ -$1/T$ 关系图

$$k_{2,\text{TBAE}}=3.82\times10^{12}\times e^{\frac{-7119}{T}} \tag{9-44}$$

将式(9-44)代入 $k_{0,\text{TBAE}}=k_{2,\text{TBAE}}$［TBAE］^{n} 分别计算不同温度条件下对应的反应速率常数 $k_{0,\text{TBAE,预测}}$ 值。通过平均偏差公式，将拟一级假设下反应速率常数的预测值与实验值之间的差异进行比较。图 9-16 是实验值和预测值结果对比，绝对平均偏差（AAD）为

5.15%，预测效果较好。

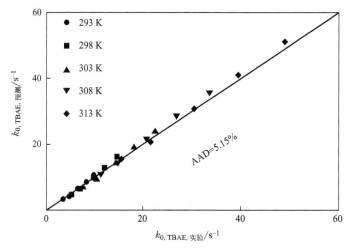

图 9-16　不同温度下 TBAE 吸收 CO_2 的反应动力学常数实验值与预测值比较

图 9-17 显示了在 313 K 温度下观察到的拟一级速率常数（k_0）与胺浓度的关系图。对于在 313 K 下研究的胺，拟一级反应动力学常数的值随胺溶液浓度增加而增大。在比较 CO_2 与四种胺溶液（MAE、EAE、IPAE 和 TBAE）的实验结果值时，可以发现与传统的 MEA 和 MDEA 溶液相比[21]，MEA 与 CO_2 的反应速度最快，MDEA 最慢，反应快慢顺序为 MEA＞MAE＞EAE＞ IPAE＞ TBAE＞MDEA。虽然四种胺溶液的反应速率相较于 MEA 慢一些，但四种胺溶液的吸收容量要高于 MEA 溶液的最大负载量 0.5 mol（CO_2）/mol（MEA）。IPAE 和 TBAE 与 MDEA 相比，CO_2 吸收容量较为接近，但反应速率要远大于 CO_2 与 MDEA 溶液的反应速率。与 MAE 和 EAE 相比，IPAE 和 TBAE 中较长的碳链可能是动力学较低的原因。

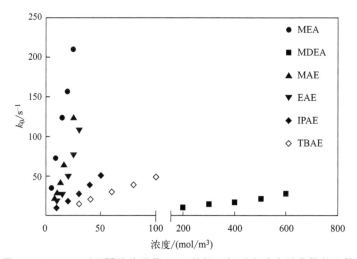

图 9-17　313 K 下不同醇胺吸收 CO_2 的拟一级反应动力学常数的比较

9.4.5 二氧化碳吸收能力

在 313 K 和 CO_2 分压为 15 kPa 的条件下比较了四种质量分数为 10％醇胺吸收 CO_2 的容量和吸收速率，结果如图 9-18 所示。通过结果可以发现，在实验条件下负载 CO_2 的能力顺序遵循 TBAE＞IPAE＞EAE＞MAE。这主要是由于分子结构的差异，即醇胺在链长度或数量上的增加以及受阻胺上的 N-烷基取代基的差异。与基准溶剂 MEA 相比 $[CO_2$ 负载 $= 0.58$ mol（CO_2）/mol（胺）]，四种醇胺吸收 CO_2 的量在 $0.66 \sim 0.93$ mol（CO_2）/mol（胺）之间。这些结果表明，IPAE 和 TBAE 具有良好的 CO_2 吸收容量和较快的 CO_2 反应动力学，可以作为替代 MEA 的良好吸收剂。

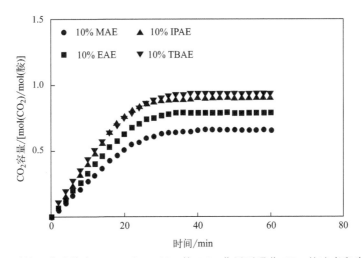

图 9-18 10％的四种醇胺在 313 K 和 15 kPa 的 CO_2 分压下吸收 CO_2 的速率和容量的比较

本章小结

具有高的吸收容量、快的反应速率、不易发生氧化降解等特点的醇胺溶剂是理想的 CO_2 捕获吸收剂。醇胺溶剂吸收 CO_2 的性能研究中动力学性能能直接反映于 CO_2 反应速率的快慢，是工业模拟、设计的重要参数。

本章重点介绍了快速混合动力学技术探究四种新型胺溶剂与 CO_2 的反应动力学常数，推断可能的反应机理，建立动力学预测模型。对四种醇胺体系的吸收数据分别用三分子机理和碱催化水合机理进行了解释。结果显示，反应速率常数随温度的升高而增大；三分子机理更适合对 MAE、EAE 体系进行解释，而 IPAE 和 TBAE 体系更适用于碱催化水合机理。

参考文献

[1] Hochgesand G. Rectisol and purisol [J]. Industrial & Engineering Chemistry，1970，62 (7)：37-43.

[2] Bai H，Yeh A C. Removal of CO_2 greenhouse gas by ammonia scrubbing [J]. Industrial & Engineering Chemistry Research，1997，36 (6)：2490-2493.

[3] Sartori G，Savage D W. Sterically hindered amines for carbon dioxide removal from gases [J]. Industrial & Engineer-

ing Chemistry Fundamentals, 1983, 22 (2): 239-249.

[4] Luo X, Fu K, Yang Z, et al. Experimental studies of reboiler heat duty for CO_2 desorption from triethylenetetramine (TETA) and triethylenetetramine (TETA) + N-methyldiethanolamine (MDEA) [J]. Industrial & Engineering Chemistry Research, 2015, 54 (34): 8554-8560.

[5] Mondal B K, Bandyopadhyay S S, Samanta A N. Experimental measurement and Kent-Eisenberg modelling of CO_2 solubility in aqueous mixture of 2-amino-2-methyl-1-propanol and hexamethylenediamine [J]. Fluid Phase Equilibria, 2017, 437: 118-126.

[6] Deshmukh R D, Mather A E. A mathematical model for equilibrium solubility of hydrogen sulfide and carbon dioxide in aqueous alkanolamine solutions [J]. Chemical Engineering Science, 1981, 36 (2): 355-362.

[7] Austgen Jr D M. A model of vapor-liquid equilibria for acid gas-alkanolamine-water systems [M]. TX: The University of Texas at Austin, 1989.

[8] Weiland R H, Chakravarty T, Mather A E. Solubility of carbon dioxide and hydrogen sulfide in aqueous alkanolamines [J]. Industrial & Engineering Chemistry Research, 1993, 32 (7): 1419-1430.

[9] Austgen D M, Rochelle G T, Peng X, et al. Model of vapor-liquid equilibria for aqueous acid gas-alkanolamine systems using the electrolyte-NRTL equation [J]. Industrial & Engineering Chemistry Research, 1989, 28 (7): 1060-1073.

[10] Reid R C, Prausnitz J M, Sherwood T K, et al. The properties of gases and liquids [M]. New York: McGraw-Hill, 1977: 37-40.

[11] Danckwerts P V. The reaction of CO_2 with ethanolamines [J]. Chemical Engineering Science, 1979, 34 (4): 443-446.

[12] Caplow M. Kinetics of carbamate formation and breakdown [J]. Journal of the American Chemical Society, 1968, 90 (24): 6795-6803.

[13] Crooks J E, Donnellan J P. Kinetics and mechanism of the reaction between carbon dioxide and amines in aqueous solution [J]. Journal of the Chemical Society, Perkin Transactions 2, 1989 (4): 331-333.

[14] Donaldson T L, Nguyen Y N. Carbon dioxide reaction kinetics and transport in aqueous amine membranes [J]. Industrial & Engineering Chemistry Fundamentals, 1980, 19 (3): 260-266.

[15] Blauwhoff P M M, Versteeg G F, Van Swaaij W P M. A study on the reaction between CO_2 and alkanolamines in aqueous solutions [J]. Chemical Engineering Science, 1983, 38 (9): 1411-1429.

[16] Rinker E B, Ashour S S, Sandall O C. Kinetics and modeling of carbon dioxide absorption into aqueous solutions of diethanolamine [J]. Industrial & engineering chemistry research, 1996, 35 (4): 1107-1114.

[17] Critchfield J, Rochelle G T. CO_2 absorption into aqueous MDEA and MDEA/MEA solutions [C]. AIChE National Meeting. Houston, TX, 1987.

[18] Bosch H, Versteeg G F, van Swaaij W P M. Kinetics of the reaction of CO_2 with the sterically hindered amine 2-amino-2-methylpropanol at 298 K [J]. Chemical Engineering Science, 1990, 45 (5), 1167-1173.

[19] Liu B, Luo X, Gao H X, et al. Reaction kinetics of the absorption of carbon dioxide CO_2 in aqueous solutions of sterically hindered secondary alkanolamines using the stopped-flow techniques [J]. Chemical Engineering Science, 2017, 170: 16-25.

[20] Ali S H, Merchant S Q, Fahim M A. Reaction kinetics of some secondary alkanolamines with carbon dioxide in aqueous solutions by stopped flow technique [J]. Separation and Purification Technology, 2002, 27 (2): 121-136.

[21] El Hadri N, Quang D V, Goetheer E L V, et al. Aqueous amine solution characterization for post-combustion CO_2 capture process [J]. Applied Energy, 2016, 185: 1433-1449.